www.ingramcontent.com/pod-product-compliance
Lightning Source LLC
LaVergne TN
LVHW050609200726
843508LV00010B/1790

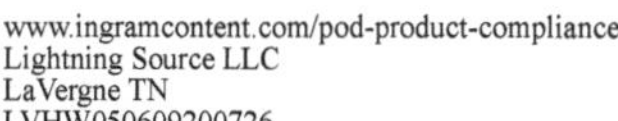

رومن اعداد

مرتب:

سید اختر علی

ISBN 978-93-5872-095-2

9 789358 720952

کتاب	:	**رومن اعداد**
مصنف	:	سید اختر علی
صنف	:	تحقیق
ناشر	:	تعمیر پبلی کیشنز (حیدرآباد، انڈیا)
زیر اہتمام	:	تعمیر ویب ڈیولپمنٹ، حیدرآباد
سالِ اشاعت	:	۲۰۲۳ء
تعداد	:	(پرنٹ آن ڈیمانڈ)
صفحات	:	۱۴۶
کمپوزنگ	:	ذکریٰ کمپیوٹرس اینڈ پرنٹرس، ناندیڑ، فون: +917038503393
سرورق	:	شیخ اعجاز

❋

انتساب

میرے بڑے بھائی

ڈپٹی انجینئر سید محمد افسر علی مرحوم

اور

رومن اعداد کے

قدیم و جدید استعمال کے نام

سانسیں جتنی موجیں اتنی سب کی اپنی اپنی گنتی

صدیوں کا اتہاس سمندر جتنا تیرا اتنا میرا

(ندا فاضلی)

فہرست

●

﴾ فہرست جداول ﴿

+++

پیشِ لفظ

رومن اعداد گنتی کے قدیم علامتی اعداد ہیں جو حرف کی شکل میں ہوتے ہیں ۔ ان کی شروعات قدیم روم میں 850 ق م سے 750 ق م کے درمیان ہوئی ۔ رومن دورِ حکومت میں یہ علامات عام طور پر مستعمل تھیں ۔ چونکہ رومیوں کے یہاں اس عددی نظام کا کوئی ' متبادل عددی نظام' نہیں تھا اس لیے قرونِ وسطٰی (Middle Ages) کے آخری دور تک تمام یورپ میں انھیں اعداد کو لکھنے کا چلن رہا ۔ لیکن ان کے لیے کبھی کوئی سرکاری یا عالمی طور پر قبول شدہ معیار کی پابندی نہیں رہی ۔ وقت کے ساتھ ان میں کافی ردو بدل، ترمیم و توسیع اور اصلاح ہوتی رہی ۔ اس کتاب میں اس پہلو پر بھی کچھ روشنی ڈالی گئی ہے ۔

رومن عددی نظام اعشاری (Decimal) نظام ہے ۔ اس میں ہندسوں کی مقامی قیمت نہیں ہوتی ہے ۔ رومی خاص طور پر خالص ریاضی جیسے تجریدی علم ہندسہ کے متعلق مسائل (تھیرمس) وغیرہ میں کم دلچسپی لیتے تھے ۔ لیکن اپنی ریاضی کو وہ زیادہ تر عملی مقاصد کے حصول کے لیے استعمال کرتے تھے جیسے راستے، پُل ، پتھر کے مناد بنانا، کاروباری کھاتے وفوج کی رسد اور حمل ونقل کا حساب کتاب رکھنا وغیرہ ۔ لیکن اس

نظام میں ریاضی کے مختلف اعمال کرنا بہت مشکل ہے۔ پھر بھی ان اعداد کو محض مقدّس مان کر تقریباً دو ہزار سال تک استعمال کیا جا تا رہا۔ لیکن ''ہندو- عربی'' اعداد (1,2,3, 4,5,6,7,8,9,0) متعارف ہونے کے بعد ان کا استعمال دھیرے دھیرے ختم ہوتا گیا۔ ہندو- عربی عددی نظام کی وجہ سے نہ صرف ریاضی بلکہ ریاضی پر منحصر دیگر علوم میں ریاضی کا استعمال بے حد آسان ہو گیا اور یہی نظام آج کی دنیا میں رائج ہے۔

اس کتاب میں رومن اعداد کا آغاز و ارتقاء، چھوٹے حرفی رومن اعداد کا آغاز، قدیم دستاویزات وغیرہ میں رومن حرفی اعداد کی اضافی علامتوں کا استعمال، ان کو لکھنا پڑھنا اور یاد رکھنے کی تدبیریں، ان کو لکھنے کے اصول، رومن ہندسوں کو ملا کر لکھنے کی تراکیب، صفر اور منفی صحیح اعداد (Negative Integers) کو چھوڑ کر کسی ہندو- عربی عدد کو رومن عدد میں تبدیل کرنے کا طریقہ، ان کے ''جمعی گروپ'' اور ''تفریقی گروپ'' کی وضاحت، ان کی جمع، تفریق، ضرب اور تقسیم کی دشواریاں، صفر کو رومن اعداد میں ظاہر کرنے کی کوششیں، کسروں کے علاوہ رومن عددی نظام میں بڑے اعداد کو ظاہر کرنے کا حذفی (Apostrophus) اور خطِ اشتراک (Vinculum) علامت طریقہ، رومن اعداد کے استعمال کی وسعت اور حدود، سال کو لکھنا، رومن گنتی، چھوٹے حرف والی رومن گنتی وغیرہ کا مختصر ذکر کیا گیا ہے۔ ''فہرست'' کے ساتھ ہی ''فہرستِ جداول'' بھی علیٰحدہ دی گئی ہے تا کہ جدولوں کے مذکور سے جزوی طور پر ہی کیوں نہ ہو لیکن راست استفادہ کیا جا سکے۔ جہاں ضروری ہو وہاں تصاویر یا ریاضی شکلیں بھی بھی وضاحت کے لیے دی گئی ہیں۔

سرِ ورق پر قدیم گھڑیوں میں رومن "IV" کے بجائے رومن "IIII" کے ترک شدہ استعمال کے علاوہ پس منظر میں ایٹک، ایٹوریائی اور سات بنیادی رومن حرفی علامتوں اور بڑے رومن اعداد کو بھی دیکھا جا سکتا ہے۔

آج کے دور میں رومن اعداد کا استعمال مخصوص اور محدود پیمانے پر ہوتا ہے۔ ان کے بارے میں اکثر ہم سنتے رہتے ہیں یا وہ ہمارے لکھنے پڑھنے میں آتے رہتے ہیں۔ ہم انھیں عموماً سمجھے بوجھے بغیر استعمال بھی کرتے ہیں۔ مختلف اسٹیٹ بورڈ اور سینٹرل بورڈ میں پرائمری جماعت کی ریاضی کی مختلف نصابی کتابوں میں ان پر ایک تعارفی سبق بھی شامل ہے۔ اس لیے خیال ہوا کہ ان اعداد پر کچھ لکھا جائے۔ لہٰذا آج کے زمانہ میں رومن اعداد سے ضروری واقفیت کے لیے جو اہم اسباق کتاب میں شامل ہیں وہ سبق نمبر (2) رومن اعداد لکھنے کے اصول، سبق نمبر (7) رومن گنتی اور سبق نمبر (5) رومن اعداد کا استعمال ہے۔ سبق نمبر (7) ''رومن گنتی''، کسی ''ہندو- عربی عدد'' کا رومن متبادل دیکھنے کے لیے سہولت فراہم کرتا ہے۔

سب سے پہلے ناچیز اللہ تعالیٰ کا شکر گزار ہے کہ اس نے مجھ جیسے کم علم کو اس کتاب کو مرتب کرنے کی سعادت بخشی۔ میں اس کو اپنے شفیق والدین، بھائی، بہن، عزیز و اقارب کی دعاؤں کا ثمرہ سمجھتا ہوں۔ اہلیہ محترمہ کا بھی ممنون ہوں کہ جو میری بیماری اور معذوری کو میرا عذر بننے نہیں دیتی۔ میری چار سال کی بیٹی ادیبہ النغم کو بھی ڈھیروں دعائیں کہ جو اپنی معصوم زبان سے کہتی ہے ''ابو! تم لکھو، ہم پڑھتے''، ''ابو! پانی چاہیے''، ''یہ کتاب ہے ہاں! اس میں سے پڑھو'' کمپیوٹر کے ٹیکنیکل امور میں

معاونت کے لیے اپنے بھتیجوں سید غضنفر علی اور سید احسن علی کو بھی صمیم قلب سے ڈھیروں دعائیں۔

بزرگ پروفیسر جمال نصرت صاحب، لکھنؤ اور ''انٹرنیشنل آئنسٹائن ایوارڈ برائے سائنس'' کے ایوارڈ یافتہ اور ریاضی داں پروفیسر ظفر احسن صاحب، علی گڑھ کا میں خصوصی طور پر بے حد شکرگزار ہوں کہ آپ دونوں حضرات نے میری اس کتاب پر سیر حاصل نقد و تبصرہ کیا۔ نیز میں ڈاکٹر محمد اسلم پرویز صاحب کا بھی بے حد ممنون ہوں کہ آپ نے میری اس کتاب پر جامع کلمات تحریر فرمائے۔

میں شکرگزار ہوں استادِ محترم منیر الدین صاحب [M.Sc., M.Ed.] (صدر مدرس و پرنسپل، فیض العلوم ہائی اسکول و جونیئر کالج، ناندیڑ)، ناندیڑ؛ استادِ محترم ڈاکٹر شیخ عظیم الدین صاحب (سابق ڈین آف ایجوکیشن، انٹیگرل یونیورسٹی، لکھنؤ) اورنگ آباد؛ محترم ڈاکٹر محمد اسلم پرویز صاحب (سابق وائس چانسلر، مولانا آزاد نیشنل اردو یونیورسٹی، حیدرآباد)، دہلی؛ ماہر امراضِ چشم و سرجن اور ادیب محترم ڈاکٹر عبدالمعز شمس صاحب، علی گڑھ؛ کیپٹن صاحب ڈاکٹر ایم. ایم. شیخ (موظف ریڈر و ہیڈ شعبہ حیونیات (.P.G)، مولانا آزاد کالج، اورنگ آباد)، اورنگ آباد؛ عزیز دوست سعید احمد فاروقی (Environmental Specialist)، شکاگو، امریکہ؛ عزیزی نسیم الدین (اسسٹنٹ ہیڈ ماسٹر، فیض العلوم ہائی اسکول و جونیئر کالج، ناندیڑ)، ناندیڑ؛ ڈاکٹر ضیاء الحسن صاحب، ناندیڑ؛ ڈاکٹر مقبول احمد مقبول صاحب، اودگیر؛ ڈاکٹر غضنفر اقبال صاحب، گلبرگہ؛ عزیزی سکندر علی، یو. پی اور تمام دوست و احباب کا کہ جن کے خلوص و محبت کی وجہ سے یہ کتاب شائع ہوسکی۔ خاکسار ان تمام اساتذہ کرام کی

بھی شکر گزاری ضروری سمجھتا ہے جنھوں نے احقر کو لکھنے پڑھنے کے قابل بنایا ۔ نیز احقر ان تمام کتب ورسائل اور مختلف ویب سائٹس وغیرہ کا خصوصی طور پر ممنون و مشکور ہے کہ جن سے اس کتاب کی تیاری میں رہنمائی حاصل ہوئی ۔ محترم شیخ اعجاز صاحب (مدد گار معلّم ، کاتب و آرٹسٹ) کا بھی مشکور ہوں کہ انھوں نے کتاب کا نہایت دیدہ زیب اور معنی خیز سرِ ورق تیار کیا ۔ عزیزی شمیم احمد خان (ذکری کمپیوٹرس اینڈ پرنٹرس ، ناندیڑ) بھی شکریہ کے مستحق ہیں کہ انھوں کمپوزنگ کی ذمہ داری بحسن خوبی نبھائی ۔

گو کہ یہ کتاب طلبہ ، اساتذہ اور باذوق قارئین کے لیے مرتب کی گئی ہے ؛

بس میں نصیر احمد ناصر کے الفاظ میں یہ کہنا چاہوں گا کہ

فلسفے سارے کتابوں میں الجھ کر رہ گئے

درس گاہوں میں نصابوں کی تھکن باقی رہی

معزز قارئین سے گزارش ہے کہ اگر کتاب میں کہیں کوئی سہو دیکھیں تو ضرور نشاندہی فرمائیں ۔ امید کہ میری اس کاوش کو پسند کیا جائے گا ۔

نومبر ، ۲۰۲۰ء ، ناندیڑ

سید اختر علی

''رومن اعداد'': ایک دستاویزی کتاب

علمِ فلکیات کی طرح علمِ اعداد بھی ایک قدیم ترین علم ہے جس میں انسان کو روزِ ازل سے ہی دلچسپی رہی ہے۔ انسانی تہذیب کی شروعات سے ہی انسان اشیاء کو شمار کرنے کے طریقہ سے آگاہ رہا ہے۔ اور اس گنتی کے لیے جن اعداد کو علامتی طور پر استعمال کیا جاتا ہے وہ قدرتی اعداد (Natural Numbers) کہلاتے ہیں۔ ان اعداد کو 9 , 8 , 7 , 6 , 5 , 4 , 3 , 2 , 1 سے ظاہر کیا جاتا ہے۔ پس $N=\{1,2,3,\ldots,9\}$ قدرتی اعداد کا سیٹ ہے۔ اگر ان اعداد میں صفر اور منفی اعداد کو بھی شامل کر لیا جائے تو صحیح اعداد (Integers) حاصل ہوتے ہیں جس کے سیٹ کو $I=\{0,\pm1,\pm2,\pm3,\ldots\}$ سے ظاہر کیا جاتا ہے۔

جب وقت کے ساتھ ساتھ علم ریاضی میں ترقی ہوئی تو دیگر اعداد وجود میں آئے جیسے کہ ناطق اعداد (Rational Numbers)، غیر ناطق اعداد (Irration- al Numbers) وغیرہ۔ صحیح اعداد، ناطق اعداد اور غیر ناطق اعداد کا مجموعہ (Union) حقیقی اعداد (Real Numbers) کا سیٹ کہلاتا ہے۔ علامات (1,2,3,4,5,6,7,8,9) ہندسے یا ہندو۔ عربی اعداد (Hindu-Arabic

(Numerals) کہلاتی ہیں ۔اعداد کو کچھ دوسری علامات کے ذریعہ سے بھی ظاہر کیا جاتا ہے۔ان ہی میں سے ایک رومن اعداد ہیں جو کہ گنتی کے قدیم ترین حرفی علامتی اعداد ہیں ۔

زیرِتبصرہ کتاب ''رومن اعداد'' مصنف سیداخترعلی کی ایک بہترین کاوش ہے ۔پیش لفظ ہی میں قابل مصنف نے رومن اعداد کا تاریخی پس منظر اوران اعداد کی افادیت کو بیان کیا ہے ۔کتاب میں سات ابواب ہیں اور ہر باب اپنی الگ اہمیت کا حامل ہے ۔باب اوّل میں رومن اعداد کے آغاز وارتقاء کا تفصیل سے جائزہ لیا گیا ہے ۔یہ مانا جاتا ہے کہ رومن اعداد پر ایٹوریائی اعداد (جو کہ ایٹک اعداد سے حاصل کیے گئے ہیں) کا اثر پڑا۔اس باب میں ان اعداد کے بارے میں بہت سی معلومات فراہم کی گئی ہیں ۔مثلاً ان اعداد کو ہندسوں میں کیسے لکھا جاتا ہے یا اس کے برعکس ۔اس بات کو مثالوں کے ذریعہ سے ذہن نشین کرانے کی کوشش کی گئی ہے ۔ابتدائی رومن اعداد، چھوٹے حروف والے رومن اعداد کا آغاز، رومن اعداد کا قدیم دستاویزات وغیرہ میں استعمال، یہ سبھی موضوعات بھی باب اوّل کی زینت ہیں ۔رومن اعداد کو لکھنے کے اصولوں کو باب دوّم میں بیان کیا گیا ہے ۔اس باب میں بنیادی رومن حرفی علامات کو پڑھنے کا طریقہ، انہیں یاد رکھنے کی تدبیریں، دہرانے کا اصول، جمع کا اصول اور تفریق کا اصول، رومن اعداد کو ملا کر لکھنے کی تراکیب اور ہندسوں کو رومن اعداد میں لکھنے کا طریقہ بھی مثالوں کی مدد سے واضح کیا گیا ہے ۔

ریاضی کے چار بنیادی اعمال (جمع، تفریق، ضرب اور تقسیم) رومن اعداد پر

کس طرح انجام دیے جاتے ہیں، یہ موضوع باب سوّم کی زینت ہے۔ ہر ایک عمل کو مثالوں کے ذریعہ نہایت آسان طریقہ سے سمجھایا گیا ہے۔ رومن اعداد میں قدریں جیسے کہ کسر، صفر، بہت بڑے اعداد کو لکھنے کا طریقہ باب چہارم میں پیش کیا گیا ہے۔ چونکہ رومن اعداد میں ہندسہ صفر کی اپنی کوئی علامت نہیں ہوتی ہے، اس وجہ سے صفر کے متبادل کے طور پر لاطینی لفظ "nulla" استعمال کیا جاتا ہے جس کے معنی ہوتے ہیں '' کچھ نہیں''۔ اس باب میں بھی وہی جذبہ کار فرما نظر آتا ہے جو کہ گزشتہ ابواب میں دکھائی دیتا ہے کہ چیزوں کو مثالوں کے ذریعہ سے سمجھانا اور یہ اس بات کی دلیل ہے کہ مضمون پر مصنف کی گرفت خاصی مضبوط ہے۔

کوئی بھی ریاضیاتی تصوّر (Concept) اس وقت مزید اہمیت کا حامل ہو جاتا ہے جب اس کا استعمال مختلف شعبہ حیات اور دیگر علوم میں ہو۔ پانچویں باب میں رومن اعداد کے استعمال کی وسعت وحدود کا بیان ہے۔ مثلاً علومِ ریاضی، فلکیات، کیمیا، زلزلیات، میوزیقی وغیرہ میں ان اعداد کا استعمال کس طرح سے ہے۔ رومن عددی نظام میں صفر کی علامت نہ ہونے کی وجہ سے ان اعداد کا دائرۂ استعمال محدود ہو جاتا ہے، ایسی ہی کئی اور وجوہات اس باب میں پیش کی گئی ہیں۔ جن سے معلوم ہوتا ہے کہ رومن اعداد کن مقامات پر نا قابلِ استعمال ہیں۔ رومن اعداد میں سال (Year) کو لکھنے کا طریقہ باب ششم میں بیان کیا گیا ہے۔ جبکہ باب ہفتم میں ایک سو سولہ (116) جدول دیے گئے ہیں جن میں دکھایا گیا ہے کہ ایک سے ایک ہزار اور 5,25,000 تک کو رومن اعداد میں کس طرح لکھتے ہیں۔ یعنی کہ ہندسوں کے متبادل

رومن اعداد کون سے ہیں اور رومن اعداد کے متبادل ہندسے کون سے ہیں ۔

مجموعی طور پر سید اختر علی (اردو ادب کے لیے قلمی نام اختر صادق) کی یہ کتاب ریاضی کی کتب میں ایک گراں قدر اضافہ ہے۔ کتاب میں آسان زبان استعمال کی گئی ہے جس سے احساس ہوتا ہے کہ مصنف اپنی بات کو سمجھانا چاہتا ہے ۔ علم ِریاضی کے پیچیدہ تصوّرات اسی وقت درست طور پر سمجھ میں آتے ہیں جب ان کو مثالوں کے ذریعہ سے سمجھایا گیا ہو۔ زیرِ نظر کتاب کے تقریباً ہر باب میں یہ طریقہ کار موجود ہے۔ یہ اس کتاب کی ایک اور خوبی ہے ۔ یہ کتاب ایک اہم دستاویز کی حیثیت رکھتی ہے جس کو تمام اسکولوں ، کالجوں اور یونیورسٹیوں (جہاں پر اردو بولی، سمجھی اور پڑھائی جاتی ہو) کی لائبریریوں میں موجود ہونی چاہیے ۔

امید ہے کہ یہ کتاب سائنس و ریاضی کے اساتذہ، طلبہ اور باذوق قارئین کو اپنی طرف مائل کرنے میں کامیاب ہوگی۔ ● ●

- پروفیسر ظفر احسن

[M.Sc.(Maths.),M.Phil.,Ph.D.]

(1) Visiting Professor

    Dept. of Mathematics,

    Maulana Azad National Urdu University, Hyderabad (TS)

(2) Research Fellow

    Institute of Islamic Sciences, Niali, Malaysia

    University of Islamic Sciences, Nilai, Malaysia

(3) Former Professor of Mathematics

    Aligarh Muslim University, Aligarh

کتاب ''رومن اعداد'' پر ایک نظر

سید اختر علی ایک خاص قسم کے مصنف ہیں جو سائنس و ریاضی کے علاوہ اردو میں نظم و نثر لکھتے ہیں ۔ کتاب ''رومن اعداد'' کو انہوں نے اپنے برادرِ کلاں ڈپٹی انجینئر سید محمد افسر علی مرحوم کے نام منسوب کیا ہے۔ عزیزی اختر علی کو دیگر انعامات و اعزازات کے علاوہ اردو زبان میں سائنسی خدمات کے اعتراف میں انجمن فروغ سائنس (انفروس)، علی گڑھ شاخ کی جانب سے ''نشانِ سرسید'' سے نوازا جا چکا ہے ۔

کلاسیکی مصنف نے اس کتاب کو لکھنے کا من بنایا جو کہ خود ایک کلاسیکی موضوع ہے۔ اب ریاضی کے جوڑ، گھٹاؤ، ضرب اور تقسیم اس انداز سے نہیں ہوتے ۔ فوریئر سیریز (Fourier Series)، اضافیت (Relativity)، اقتصادی انتظام و انصرام (Economic Management)، انفارمیشن تھیوری (Information Theory)، لوگارتھم (Logarithm) اور فیثا غورث (Pythagoras) بھی بڑی بات ہے اب تو جاپانی کھیل ''سڈوکو'' (Sudoku) بھی اس طرح مشکل ہے ۔ بہر حال ''جو ساز پہ گزری ہے وہ کس دل کو پتہ ہے'' والا معاملہ ہے ۔

دنیا میں سوچ کس طرح شروع ہوئی، لوگوں نے کتنی قربانیاں دیں اور معمولی

سے اعداد سمجھ ہی پانا دشوار تھا چہ جائیکہ اس کا مثبت ، منفی ،ضرب اور تقسیم! یہ سلسلہ آج سے قریباً 2500 سال پہلے شروع ہوا۔ ریاضی اور ٹیکنالوجی اتنی ترقی کر چکی ہے کہ آج ہم تمام چھوٹی بڑی تفصیلات کے ساتھ آسانی سے بتا دیتے ہیں کہ خلائی جہاز کس تاریخ کو کس وقت چاند پر اترے گا!

رومن اعداد سات حرفی علامات سے بنے ہیں جو روم سے شروع ہوئے ۔ لیکن یہ سات ہی کیوں؟ شاید سات سمندر، سات زمین، سات آسمان ، قوس قزح کے سات رنگ ، سات ستارے ، سات پشتوں ، سات سہیلیوں کا جھمکا ، سات بہنوں کے بھائی والی داستان ہے ۔ یہ حرفی علامات : آئی ، وی ، ایکس ، ایل ، سی ، ڈی ، ایم (M،D،C،L،X،V،I) ہیں جو سلسلہ وار ایک ، پانچ ، دس ، پچاس ، سو ، پانچ سو اور ایک ہزار کی نمائندگی کرتے ہیں ۔ اب گنتی کے ان بنیادی اعداد سے بڑے سے بڑا جو عدد لکھا جا سکتا ہے وہ 3999 ہے ۔ اس سے آگے کی گنتی لکھنے کے مختلف طریقے ہیں ۔ جیسے I کو چھوڑ کر باقی چھ بنیادی حرفی علامات کے اوپر ایک ڈیش لگا دیں تو پھر یہ اسی عدد کا ہزار گنا ہو جائے گا یعنی $\overline{V},\overline{X},\overline{L},\overline{C},\overline{D},\overline{M}$ کی قدر بائیں طرف سے بالترتیب 1000000،500000،100000،50000،10000،5000 ہو جائے گی ۔ ان گنتیوں کے لکھنے کے کچھ اصول بھی ہیں جن کا تفصیلی ذکر عزیزی اختر نے اپنی اس کتاب میں کئی مثالوں کے ذریعہ واضح کیا ہے ۔ ساتھ ہی ان سات رومن حرفی علامات کو یاد رکھنے کے لیے چند تدبیری جملے بھی دیے ہیں ۔ ناچیز نے بھی اس تعلق سے ایک تدبیری جملہ وضع کیا ہے جو نذرِ قارئین ہے :

I Value eXtra Love Coming During Morning.

اور ساتھ ہی عزیزی سید اختر علی کے لیے :

"Affection, appreciation, applause to Akhtar for

Roman numbering."

کتاب میں یوں تو بہت سے ضمنی باب ہیں لیکن شاید یہ بھی حسنِ اتفاق ہی ہے کہ اس کو سات بنیادی رومن حرفی علامات کی طرح سات اہم بابوں میں تقسیم کیا گیا ہے۔ ان ابواب کو کتاب کی فہرست میں ملاحظہ کیا جا سکتا ہے۔

گو کہ آج ''ہندو۔ عربی'' گنتی رائج ہے جو اکائی، دہائی، سیکڑہ، ہزار، دس ہزار ، لا کھ، دس لا کھ... کے انداز میں لکھی جاتی ہے جس میں ریاضی کے بنیادی اعمال جیسے جمع، تفریق، ضرب، تقسیم کے علاوہ اعلیٰ ریاضی (Higher Mathematics) کے اعمال بہت سہل ہیں۔ لیکن صاحبِ کتاب نے واضح کیا کہ رومن اعداد آج کی دنیا میں بھی بعض میدانوں میں خاص مقاصد کے لیے ضروری ہیں گو کہ ان کے استعمال کا پیمانہ محدود ہے۔ جیسے علمِ ریاضی، علمِ فلکیات، علمِ کیمیا، دواسازی، علمِ زلزلیات، تعلیم ، کمپیوٹر، فوٹوگرافی، میوزیقی، فوج، کھیل، قانون اور مختلف کوڈ کی کتابیں وغیرہ۔

ساتھ ہی مصنف نے رومن اعداد کو لکھنے، پڑھنے اور ان کے استعمال کی دشواریوں اور کمیوں کی طرف بھی اشارہ کیا ہے۔ جس سے پتہ چلتا ہے کہ آج کے زمانہ میں ان کا استعمال وسیع پیمانہ پر کیوں نہیں ہوتا؟

کتاب کا سب سے اہم سبق، سبق نمبر (۲) اور سبق نمبر (۷) ہے۔ جس کے

لیے شاید اس کتاب کو لکھا گیا ہے۔ جو موجودہ زمانہ میں رومن اعداد اور اس کے استعمال سے واقفیت کے لیے بہت ضروری ہے۔ سبق ''رومن گنتی'' یہ کسی ''رومن گنتی چیکر'' سے کم نہیں ہے۔ اس سے طلبہ کو بہت فائدہ ہوگا۔ مختلف اہم نکات کی فوری ترسیل کے لیے جدولوں کی فہرست بھی الگ سے دی گئی ہے۔

غرض کہ ''رومن اعداد'' کتاب کی تخلیق ریاضی کی دنیا میں ایک گراں قدر اضافہ ہے اور عزیزی سید اختر علی مبارک باد کے مستحق ہیں۔ کتاب کا گَوَر خوب رُو ہے۔ گَوَر پر ایک قدیم گھڑی کا ڈائل ہے جس پر 4 کے لیے "IIII" قدیم رومن عدد دیکھا جا سکتا ہے۔ کاغذ عمدہ، کمپیوٹر کتابت غلطیوں سے دور جبکہ غلطیوں کی گنجائش بہت تھی۔ میرا خیال ہے کہ ریاضی اور کلاسیکی ادب سے تعلق والوں کے لیے یہ کتاب ضروری ہے اور لائبریری کے لیے لازمی ہے۔ مجھے معلوم نہیں کہ اس سلسلہ کی کوئی کتاب جس میں رومن اعداد ہوں ہندی یا انگریزی میں ہے۔ بہرحال اگر ہے بھی تو اس کا جلدی سے ترجمہ ہونا چاہیے کیونکہ اس خوبصورت، معلوماتی نیز اہم کتاب کے اضافہ سے اردو دنیا کی قدر و منزلت بڑھی ہے۔ بس دعائیں ہی دعائیں! ● ●

- پروفیسر جمال نصرت

[B.Sc.,B.E.(Mech),FIE(I),FIWRS,MISCA,MIWWA]

(1) Charted and Professional Engineer;

(2) Advisor:
Ground Water Dept. U.P.and Allahabad High Court for Water Issues;

(3) Secretary: Gramin Kalyan Sansthan, Lucknow;

(4) Former Prof. Water and Land Management Institute, Lucknow;

(5) Former Superintending Engineer, U.P.Irrigation Dept..

1۔ رومن اعداد کا آغاز و ارتقاء

’’رومن اعداد‘‘ اعداد کا وہ نظام ہے جس کا آغاز قدیم روم میں ہوا اور قرونِ وسطیٰ (Middle Ages) کے آخری دور تک تمام یورپ میں انھیں اعداد کو لکھنے کا رواج رہا۔ تاہم ٹھوس مثالوں کی عدم دستیابی کی وجہ سے ان اعداد کا آغاز گمنامی میں ہے۔ نیز ان کے آغاز کے متعلق جتنے بھی نظریات پیش کیے گئے ہیں وہ زیادہ ترقیاسی ہیں۔ کہا جاتا ہے کہ رومن اعداد پر ایٹوریائی اعداد کا اثر پڑا اور ایٹوریائی اعداد ایٹک اعداد سے اخذ کیے گئے۔ ذیل میں ہم ان اعداد کا مختصر جائزہ لیں گے۔

1.1 ایٹک اعداد (اٹاری یا اتھینا اعداد): (Attic Numbers)

ایٹک اعداد علامتی اعداد کے وہ اشارے ہیں جنھیں قدیم رومی استعمال کیا کرتے تھے۔ یہ ہیروڈائنک اعداد (Herodianic Numbers) کے نام سے بھی جانے جاتے تھے۔ کیونکہ یہ ہیروڈائن کے ذریعہ دوسری صدی کے قلمی نسخہ میں پہلی بار متعارف ہوئے تھے۔ انہیں ایکروفونک اعداد (Acrophonic Numerals) بھی کہا جاتا تھا۔ کیونکہ ان کی بنیادی علامتیں قدیم رومی الفاظ کے پہلے حرف سے اخذ کی گئیں تھیں۔

قدیم مصری(Egyptian)،ایٹوریائی(Etruscan) وہندو-عربی عددی نظاموں کی طرح ایٹک اعداد(Attic Numbers) بھی عشری نظام پر مبنی تھے۔ یعنی وہ دس کی قوتوں کے مضاعف: اکائی، دہائی، سیکڑہ، ہزار وغیرہ کی صورت میں لکھے جاتے تھے۔ بنیادی رومن عددی نظام کی طرح عدد کے حصوں کو تواتر کے ساتھ ان کی قدروں کی اترتی ترتیب میں لکھا جاتا تھا۔ عدد کے ہر حصے کو دو علامتوں کی ترکیب یا ملاپ(Combination) کا استعمال کر کے لکھتے تھے جو دس کی قوت کے 1 اور 5 گنا ہوتے تھے۔

ایٹک اعداد ساتویں صدی ق.م. کی ابتداء سے اپنائے گئے اور تیسری صدی ق.م. کے آس پاس معیاری یونانی اعداد سے تبدیل کیے گئے۔ ایسا گمان کیا جاتا ہے کہ ایٹک اعداد ایٹوریائی عددی نظام کے لیے ایک ماڈل کی حیثیت رکھتے ہیں۔ جبکہ یہ دونوں عددی نظام قریب قریب ایک ہی زمانے کے ہیں اور ان کی علامتوں میں بھی تعلق نہیں ہے۔

ایٹک اعداد کی اہم علامتیں اور قدریں اگلے صفحہ نمبر (25) پر شکل نمبر (۱) میں دی گئی ہیں۔ اس کا بغور مطالعہ بہت سودمند ہوگا۔

50، 500، 5000، 50000 کو دکھانے والی علامتیں قدیم شکل کے بڑے حرف ''پائے'' (Π) یا (Γ) اور قابل تحریر دس کی قوت کے بہت چھوٹے ''ورژن'' کا مرکب ہوتی تھیں۔ ہم نے یہاں اگلے صفحہ پر شکل نمبر (۱) کے مطابق علامت (Γ) کا استعمال کیا ہے۔ عشری ایٹک علامت "Ɔ" کو "0.25=1/4" سے اور "C"

1	2	3	4	5	6	7	8	9	10
15	20	50	100	500	1,000	5,000	10,000	50,000	¼
½	one drachma	five talents	ten talents	50 talents	100 talents	500 talents	1,000 talents	5,000 talents	five staters
ten staters	50 staters	100 staters	500 staters	1,000 staters	10,000 staters	50,000 staters	ten minas		

شکل نمبر (۱): ایٹک اعداد کی اہم علامتیں اور قدریں۔

کو "1/2=0.5" سے بتانے کے لیے استعمال کیا جاتا تھا۔قدیم یونانی باٹ (Talents) اور طلائی یا نقرئی سکّوں (Staters) کے زرِ حساب سے کرنسی کو انکوڈ (Encode) کرنے کے لیے ایٹک علامتوں میں خاص طور سے ترمیم کی گئی۔ اوپر کی شکل نمبر (۱) میں نیچے سے اوپر کی دو سطریں دیکھیے۔

ایٹک سرکاری کرنسی "ایک ڈریکما" (One Drachma) اور ایٹک "دس میناس" (Ten Minas) کی نمائندگی کے لیے مخصوص عددی علامتیں استعمال کی گئیں۔ یہ سکّے چاندی کے ہوا کرتے تھے۔ اوپر شکل نمبر (۱) میں علامت کے لحاظ سے سطر نمبر (۳) اور ستون نمبر (۲)؛ اسی طرح علامت کے لحاظ سے سطر نمبر (۴) اور ستون نمبر (۸) کی آخری علامت ملاحظہ کیجیے۔

ایٹک عددی نظام میں دس کی قوت کے 1 سے 9 تک کے اضعاف "1" اور

"5" کو ملا کر لکھے جاتے تھے۔ اس نظام میں صرف ''جمعی'' علامت نویسی کا طریقہ مستعمل تھا۔ اس وجہ سے عدد 4 اور 9 کو بالترتیب "IIII" اور "ΓIIII" لکھا جاتا تھا۔ ذیل کی جدول نمبر (۱) میں ایٹک اعداد کی دس کی قوت کے مضاعف دیے گئے ہیں۔

جدول نمبر (۱): (ایٹک اعداد کے دس کی قوت کے مضاعف)

اکائی	I	II	III	IIII	Γ
	1	2	3	4	5
اکائی	ΓI	ΓII	ΓIII	ΓIIII	-
	6	7	8	9	
دہائی	Δ	ΔΔ	ΔΔΔ	ΔΔΔΔ	(Γ+Δ)
	10	20	30	40	50
دہائی	(Γ+Δ)Δ	(Γ+Δ)ΔΔ	(Γ+Δ)ΔΔΔ	(Γ+Δ)ΔΔΔΔ	-
	60	70	80	90	
سیکڑہ	H	HH	HHH	HHHH	(Γ+H)
	100	200	300	400	500
سیکڑہ	(Γ+H)H	(Γ+H)HH	(Γ+H)HHH	(Γ+H)HHHH	-
	600	700	800	900	
ہزار	X	XX	XXX	XXXX	(Γ+X)
	1000	2000	3000	4000	5000
ہزار	(Γ+X)X	(Γ+X)XX	(Γ+X)XXX	(Γ+X)XXXX	-
	6000	7000	8000	9000	

دس ہزار	M	MM	MMM	MMMM	(Γ+M)
	10,000	20,000	30,000	40,000	50,000
دس ہزار	(Γ+M)M	(Γ+M)MM	(Γ+M)HHH	(Γ+M)MMMM	-
	60,000	70,000	80,000	90,000	

نوٹ: جدول نمبر(۱) اور ذیل کی مثالوں میں قوسین میں ایک بڑا ایٹیک عدد اور ایک چھوٹا ایٹیک عدد 'جمع' کی علامت کے ساتھ ٹائپ کیا گیا ہے۔ مثلاً '(Γ+Δ)' کا مطلب "$(Γ=5)×(Δ=10)=5×10=50$" ہے۔ اسی طرح '(Γ+x)XXX' کا مطلب "$(5×1000)+1000+1000+1000=8000$" ہے۔ یہ ایٹیک عدد کے مرکب اعداد ہیں جن کی اصلی شکل و صورت کو پیچھے صفحہ نمبر(25) پر شکل نمبر(۱) میں دیکھا جا سکتا ہے۔ امید کہ اب ذہن میں کوئی کنفیوژن نہیں رہے گا۔

آج ہم آسانی کے ساتھ رومن اعداد لکھتے ہیں لیکن ان کی جڑیں ایٹیک اعداد لکھنے کے طریقہ میں ہمیں کہیں نہ کہیں پیوست نظر آتی ہیں۔ ہندو-عربی اعداد کو ایٹیک اعداد میں کس طرح لکھا جاتا تھا اس کی چند مثالیں ذیل میں دی جاتی ہیں۔

(1) $37=30+7=ΔΔΔ+ΓII=ΔΔΔΓII$

(2) $1982=1000+900+80+2$

$=X+(Γ+H)HHHH+(Γ+Δ)ΔΔΔ+II$

$=X(Γ+H)HHHH(Γ+Δ)ΔΔΔII$

(3) $2021=2000+20+1=XX+ΔΔ+I=XXΔΔI$

(4) $53768=50000+3000+700+60+8$

$$=(\Gamma+M)+XXX+(\Gamma+H)HH+(\Gamma+\Delta)\Delta+\Gamma III$$

$$=(\Gamma+M)XXX(\Gamma+H)HH(\Gamma+\Delta)\Delta\Gamma III$$

1.2 ایٹوریائی اعداد:(Etruscan Numbers)

روم کی بنیاد 850 ق.م. سے 750 ق.م. کے درمیان پڑی۔اس زمانہ میں اس خطہ میں مختلف باشندے اپنی اپنی آبادیوں میں رہا کرتے تھے۔جن میں ایٹورائی (Etruscans) قوم بڑی ترقی یافتہ تھی۔نیز روم، Etruscan قلمرو کے جنوبی کنارے کے ساتھ واقع تھا جو اٹلی کے ایک بڑے شمال مرکزی علاقہ کو گھیرے ہوئے تھا۔اس لیے رومن اعداد خاص طور پر ایٹوریائی اعداد سے راست طور پر اخذ کیے گئے۔ ایٹوریائی اعداد کی علامتیں اور قدریں ذیل کی شکل نمبر (۲) میں دکھائی گئی ہیں۔

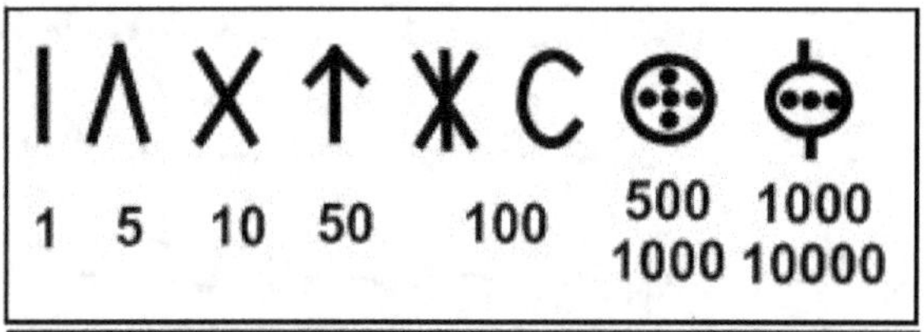

I	Λ	X	↑	Ж	C	⊙ Φ
1	5	10	50	100		500 1000
						1000 10000

شکل نمبر (۲): ایٹوریائی اعداد کی مثالیں

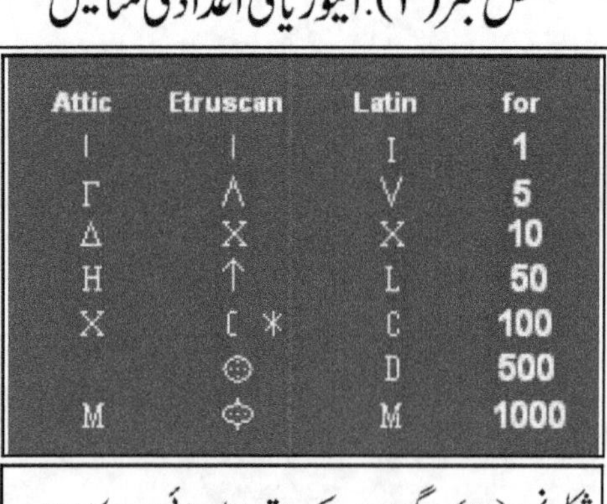

Attic	Etruscan	Latin	for
I	I	I	1
Γ	Λ	V	5
Δ	X	X	10
H	↑	L	50
X	Ɔ Ж	C	100
	⊙	D	500
M	Φ	M	1000

شکل نمبر (۳): دیگر اعداد کے ساتھ ایٹوریائی اعداد کا موازنہ

پچھلے صفحہ نمبر (28) پر شکل نمبر (۳) میں بالترتیب 1، 5، 10، 50، 100، 500 اور 1000 کے لیے ایٹوریائی اعداد کی علامتیں، ایٹک (Attic) اعداد اور لاطینی (Latin) اعداد کی علامتوں کے ساتھ بطور موازنہ دیکھی جاسکتی ہیں۔

بڑی قدر کے ایٹوریائی اعداد بھی ہیں۔ لیکن کس عدد کی کون سی علامت ہے یہ نہیں معلوم ہوسکا۔ بنیادی رومن عددی نظام کی طرح ایٹوریائی قوم بھی علامتوں کو اس طرح لکھتے تھے کہ متعلقہ عدد کی جمع بڑی قدر سے چھوٹی قدر کی طرف ہوتی تھی۔ مثال کے طور پر عدد 87 کو اس طرح لکھا جاتا تھا:

$$87 = 50+10+10+10+5+1+1$$

$$= \uparrow + X+X+X+ \Lambda +I+I$$

$$= \uparrow XXX \Lambda II$$

1.3 ابتدائی رومن اعداد: (Early Roman Numbers)

◄ ایٹوریائی اعداد "I"، "X" اور "Ж" کو بالترتیب 1، 10 اور 100 کے لیے ابتدائی رومن اعداد کے طور پر لکھا جاتا تھا۔ 5 اور 50 کے لیے علامتیں Λ اور ↑ سے بدل کر بالترتیب V اور L کی گئیں۔

◄ 100 کے لیے مختلف علامتیں جیسے I<> اور OIC لکھی جاتی تھیں۔ بعد میں اس کو ⊃ سے تبدیل کیا گیا۔ C لاطینی لفظ centum کا پہلا حرف ہے جس کے معنی "hundred" کے ہیں۔

◄ اعداد 500 اور 1000 کو بالترتیب V اور X کے اطراف باکس یا دائرہ

کا گھیرا بنا کر ظاہر کیا جاتا تھا۔ عدد 500 کو اگسٹس (Augustus) کے زمانے میں Ð سے تبدیل کیا گیا۔ 1000 کی ایک متبادل علامت "CIƆ" تھی اور اس کا آدھا "500" کی علامت "IƆ" تھی جو علامت "CIƆ" کے دائیں جانب کا نصف ہے۔ اس لیے بعد میں "IƆ" کی شناخت "D" کی حیثیت سے کی گئی۔

● 1000 کی علامت X کے اطراف باکس یا دائرہ کا گھیرا بنا کر لکھی جاتی تھی جیسے ⊗ ، ⊕ ۔ اگسٹائن کے زمانہ میں اس کی شناخت جزوی طور پر یونانی حرف Φ (فائے) سے کی گئی۔ ایک مدت کے بعد اس علامت کو یونانی حرف Ψ (سائے) سے پھر اس کے بعد ∞ (انفنٹی) سے بدلا گیا۔ بالآخر "mille" اس یونانی لفظ کے پہلے حرف "M" سے اس کا تعین کیا گیا جس کے معنی "thousand" ہیں ۔

● پال کیسر (Paul Kayser) کے مطابق بنیادی رومن عددی علامتیں I، X،C اور Φ (یا ⊕) تھیں۔ اور درمیانی علامتیں ان کے نصف لے کر اخذ کی گئی تھیں جیسے X کا آدھا V، C کا آدھا L اور Φ اور (یا ⊕) کا آدھا D وغیرہ ۔ اس طرح رومن حرفی علامتی اعداد میں ہونے والی کچھ تبدیلیوں کو شکل نمبر (۴) میں بالترتیب دیکھا جا سکتا ہے ۔

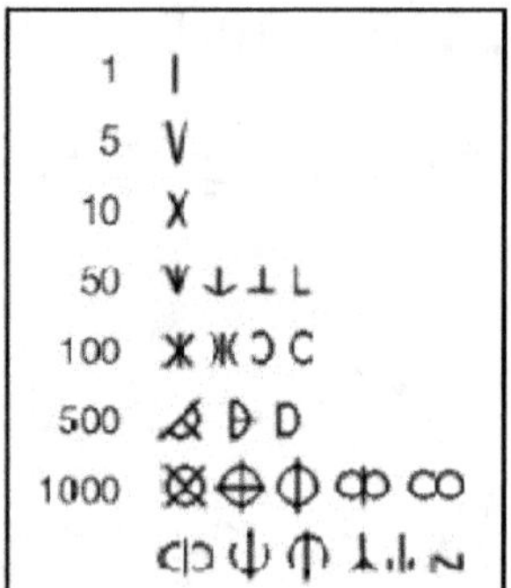

عدد	علامتیں
1	I
5	V
10	X
50	Ⅴ ⊥ ⊤ L
100	Ж Ж Ɔ C
500	Ⅾ Ð D
1000	⊗ ⊕ Φ ⌀ ∞
	CIƆ Ψ ⋔ ⊥ I ∞

مذکورہ بالا سطور اور شکل کے مطالعہ سے یہ سمجھ

شکل نمبر (۴): رومن حرفی علامتیں میں آتا ہے کہ علامتوں میں یہ ترمیم و اصلاح زیادہ میں ہونے والی پندرہ تدریجی تبدیلی۔ تر بنیادی رومن علامت 50= L ، 100=C اور

D=500 کے لیے ہوئیں۔اوربہت زیادہ ترمیم واصلاحیں M=1000 کے لیے ہوئیں۔

1.4 چھوٹے اور بہت چھوٹے حروف والے رومن اعداد کا آغاز:

(Origin of Lower-Case & Minuscule Roman Symbols)

مغربی رومی سلطنت کے خاتمہ کے بہت بعد از منہ وسطیٰ (Middle Age-s) میں چھوٹے (Lower-Case) اوربہت چھوٹے (Minuscule) رومن اعداد کے علامتی حروف کو ترقی دی گئی۔تب سے چھوٹے حرفی رومن اعداد جیسے : i,ii,iii,iv,v,vi,vii,viii,ix,x وغیرہ کا عام طور پر استعمال شروع ہوا۔

قرونِ وسطیٰ سے چھوٹے حرفی رومن عدد میں بعض اوقات آخری علامتی حرف "i" کی جگہ "j" کو لکھتے تھے۔مثال کے طور پر

(1) 3→ iii→ iij,

(2) 7→ vii→ vij,

(3) 8→ viii→ viij,.....وغیرہ

اس "j" کو "i" پر کاری ضرب لگانے والا متغیّر سمجھا جاتا تھا۔

بعض انگریزی تحریروں میں چھوٹے حرفی رومن اعداد کا استعمال ملتا ہے۔ مثال کے طور پر 77 کو "iii^{xx}xvii" کی طرح لکھا جاتا تھا اور جس کو "تین-اسکور سترہ" (Three-Score and Seventeen) پڑھا جاتا تھا۔لیکن رومن عددی نظام میں اس کو شاذ (Rare) ہی استعمال کیا جاتا ہے۔

1301 سے قرون وسطیٰ کی حساب داری تحریر(Accounting Text) میں شاذ ہی استعمال کیے جانے والے رومن حروف کا ٹائپ ملتا ہے۔ مثال کے طور پر عدد 13,573 کو "XIII. M. V. C. III. XX. XIII" لکھا جاتا تھا۔ جس کا مطلب "13×1000+5×100+3×20+13" ہے۔

1.5 ‏ قدیم دستاویزات، نقوش یا کندہ کاری وغیرہ میں اضافی رومن حرفی اعداد کا استعمال:

از منہ وسطیٰ (Middle Ages) سے اہم دستاویزات (Documents) ، نقوش، کتبوں یا کندہ کاری (Inscriptions) وغیرہ میں اضافی رومن حرفی علامتی اعداد کی شمولیت بھی ملتی ہے۔ ان اضافی علامتی حروف کو آج ہم ''قرون وسطوی رومن اعداد'' (Medieval Roman Numbers) کہتے ہیں۔ اس میں معیاری علامتی حرف کے بجائے کوئی دوسرا حرف استعمال کیا جاتا تھا۔ مثلاً "V" کے لیے "A" اور "D" کے لیے "Q" وغیرہ۔ جبکہ مرکب اعداد (Compound Numbers) کے لیے دوسری علامات بطور مخفف لکھی جاتی تھی۔ جیسے "XI" کے لیے "O" اور "XL" کے لیے "F" وغیرہ۔ قرون وسطوی رومن اعداد کے استعمال کی وضاحت کے لیے ذیل کے جدول نمبر (۲) کا بغور مطالعہ سود مند رہے گا۔ نیز آج بھی بعض لغات میں انہیں درج کیا جاتا ہے۔ لیکن ایک عرصہ سے ان اعداد کا عام استعمال ترک کر دیا گیا ہے۔ جدول کے پہلے ستون میں ہندو-عربی عدد، دوسرے ستون میں ان کا قرون وسطوی مخفف اور تیسرے ستون میں اس مخفف کی وضاحت اور ممکنہ حد تک ان

کا اشتقاق دیا گیا ہے۔

جدول نمبر (۲): (قرون وسطیٰ رومن اعداد کا استعمال)

عدد	قرون وسطیٰ مخفف	وضاحت اور اشتقاق
5	A	V کے اُلٹ کے مشابہ۔
6	ς	VI کے بندھن سے یا یونانی حرف (ς) (Stigma) سے ۔ بعض اوقات (στ) بندھن سے ملا جلا۔
7	S,Z	7 کے لیے لاطینی لفظ septem سے قیاس کیا گیا مخفف۔
8.5	IX/	کاتب (Scribal) مخفف۔
9.5	X/	کاتب (Scribal) مخفف۔
11	O	11 کے لیے فرانسیسی لفظ onze سے قیاس کیا گیا مخفف۔
40	F	انگریزی forty کا قیاس کیا گیا مخفف۔
70	S	جو 7 کی نمائندگی کرتا ہے۔
80	R	---
90	N	90 کے لیے لاطینی لفظ nonaginta سے قیاس کیا گیا۔
150	Y	ممکن ہے یہ چھوٹے حرف y کی شکل سے اخذ کیا گیا ہو۔
151	K	مبداء نامعلوم، کہا جاتا ہے کہ یہ 250 کے لیے بھی مستعمل تھا۔
160	T	شاید یونانی لفظ tetra سے ماخوذ، کیونکہ 4×40=160

200	H	دو Iکے barring سے
250	E	---
300	V	---
400	P,G	---
500	Q	500 کے لیے لاطینی لفظ quingenti سے
800	Ω	رومن ٹائپ سے مستعار
900	ↄ	قدیم رومن ٹائپ سے مستعار
2000	Z	---

کرونوگرام یا مادہ تاریخ، ترسیم وقت اور تاریخ کے ساتھ پیغامات وغیرہ کو مذکورہ بالا جدول کے علامتی حروف میں اِنکوڈ کیا جاتا تھا جو نشاۃ الثانیہ کے اس دور میں کافی مقبول تھے۔ کرونوگرام عام طور پر حروف M اور D،C،L،X،V،I پر مشتمل کوئی جملہ، فقرہ، عبارت یا کہاوت ہوتی تھی۔ ان حروف کی یکجائی سے قاری کوئی نمبر اخذ کرتا تھا جو عموماً کوئی مخصوص سال ہوتا۔

◼ ◼ ◼

2۔رومن اعداد لکھنے کے اصول

2.1 سات بنیادی رومن حرفی علامات اوران کو پڑھنا:

رومن عددی نظام میں ہندو- عربی اعداد کو حروفِ تہجی کے تنہا حرف یا حروف کے مرکب کی شکل میں لکھا جاتا ہے۔ ہر ایک مقررہ سالم قدر کے ساتھ ان اعداد کے جدید استعمال میں سات بنیادی رومن حرفی علامتیں استعمال کی گئی ہیں۔ان اعداد میں ہندسوں کی مقامی قیمت (Place Value) نہیں ہوتی ہے۔ یہ سات بنیادی حرفی رومن علامتیں مع قدر اوران کو پڑھنے کا طریقہ نیچے جدول نمبر (۳) میں دیا گیا ہے۔

جدول نمبر (۳): (سات بنیادی رومن حرفی علامتیں مع قدر اوران کو پڑھنا)

علامت	I	V	X	L	C	D	M
علامت کو پڑھنا	آئی	وی	ایکس	ایل	سی	ڈی	ایم
قدر	1	5	10	50	100	500	1000

2.2 سات بنیادی رومن حرفی علامتوں کو یاد رکھنے کی تدبیریں:

بسا اوقات لکھنے کا ایک طریقہ استعمال کرنا مشکل ہوسکتا ہے اور ہمیں یہ یاد بھی نہیں رہتا ہے کہ کب اور کون سا رومن ہندسہ استعمال کرنے کی ضرورت ہے۔لہذا

انھیں یاد رکھنے اور استعمال کرنے پر عبور حاصل کرنے کے لیے اعادہ ضروری ہے۔ اگر اعادہ نہ ہو تو پھر دشواریاں پیش آسکتی ہیں۔ اس لیے ہماری یادداشت میں ان حرفی علامتوں کو ذہن نشین کرنے کا ایک اضافی اور دلچسپ طریقہ یہ ہے کہ یادداشت کا پختہ اور دلچسپ طریقہ استعمال کیا جائے اور حرفی علامات کو زیادہ یادگار جملے، فقرہ یا نظم وغیرہ میں ضم کیا جائے۔ لہذا سات بنیادی رومن حرفی علامتوں (,I, V, X, L, C, D

M) کو یاد رکھنے کے لیے کچھ دلچسپ تراکیب، تدبیری جملے اور نظمیں وغیرہ بھی ہیں۔ انہیں ذیل میں درج کیا گیا ہے۔

(i) رومن اعداد کو بائیں سے دائیں اترتی ترتیب میں لکھا جاتا ہے۔ اس لیے ریاضی کے اعمال کرتے وقت ذیل کی ترتیب یاد رکھیے۔ اس میں علامت "<" کا مطلب ہے ''سے بڑا ہے''۔ مثلاً ''M بڑا ہے D سے'' یا ''D، M سے بڑا ہے''۔ اسی طرح ''L بڑا ہے X سے'' وغیرہ۔

$$(M > D > C > L > X > V > I)$$

(ii) ذیل کے تدبیری جملہ پر غور کیجیے۔ اس جملہ میں سات بنیادی رومن حرفی اعداد کو بڑے اور جلی حروف سے دکھایا گیا ہے۔ اگر ان کی قدروں پر غور کیا جائے تو یہ قدریں 1000 سے 1 تک اترتی ترتیب میں ہیں۔ اس جملہ کو اور جملہ میں ان کی قدروں کو یاد رکھنے کی کوشش کیجیے۔ ہے نا کمال کی ترکیب!

"MeDiCaL XaVIer"

اس جملے کی وضاحت اگلے صفحہ نمبر (37) پر جدول نمبر (۴) میں کی گئی ہے۔

جدول نمبر (۴): (سات بنیادی رومن حرفی علامتوں کو یاد رکھنے کی تدبیر)

M	e	D	i	C	a	L		X	a	V	I	e	r
↓	-	↓	-	↓	-	↓		↓	-	↓	↓	-	-
1000	-	500	-	100	-	50		10	-	5	1	-	-

(iii) ذیل کا تدبیری جملہ بھی سات بنیادی رومن حرفی اعداد کوان کی قدروں کی چڑھتی ترتیب میں یاد رکھنے کے لیے کارگر ہے۔ مذکورہ جملہ میں رومن اعداد کو جلی حرفوں سے دکھایا گیا ہے۔

I Value Xylophones Like Cows Do Milk.

(iv) ذیل کا تدبیری جملہ بھی رومن اعداد I، V، X، L، C، D، M کو ترتی ترتیب میں یاد رکھنے کے لیے کارگر ہے۔

My Dear Cat Loves Xtra Vitamins Intensely.

(v) اسی طرح کا ایک دوسرا جملہ بھی ہے:

My Dear Cat Loves Xtra Vanilla Ice-creaam.

(vi) رومن حرفی اعداد کو یاد رکھنے کے لیے پروفیسر جمال نصرت نے چڑھتی ترتیب میں ذیل کا تدبیری جملہ وضع کیا ہے:

I Value eXtra Love Coming During Morning.

(vii) تمام بنیادی سات رومن حرفی اعداد کو یاد رکھنے کے لیے ایک انگریزی

نظم ذیل میں دی گئی ہے۔

M's "mille" (or 1000 said)

D's half (500-quickly ready!)

C's just a 100 (century!)

and L is half again-50!

So all that's left is X and V

(or 10 and 5)-and I-easy!

2.3 رومن اعداد لکھنے کے اصول:

’’صفر‘‘ کی استثنائی صورت کے ساتھ رومن اعداد لکھنے کے تین اصول ہیں:

اصول نمبر (1):   دہرانے کا اصول (Rule of Repetition)

اصول نمبر (2):   جمع کا اصول (Rule of Addition)

اصول نمبر (3):   تفریق کا اصول (Rule of Subtraction)

2.3.1 ’’صفر‘‘ کی استثنائی صورت:

ہندو- عربی عدد صفر (0) کو لکھنے کے لیے رومن عددی نظام میں کوئی علامت نہیں ہے۔ یعنی صفر کو رومن عدد ی نظام میں نہیں لکھا جا سکتا ہے۔

[نوٹ: رومن عددی نظام میں ’’صفر‘‘ کو لکھنے کے لیے بعد میں کیا کیا اصلاحات ہوئیں اس کی تفصیل آگے صفحہ نمبر (74) پر §4.1 میں آئے گی۔]

2.3.2 اصول نمبر (1): دہرانے کا اصول (Rule of Repetition):

اصول نمبر (1) کی تین شقیں ہیں۔

شق نمبر(i): رومن حرفی علامات I، X، C اور M کو زیادہ سے زیادہ تین مرتبہ دہرایا جا سکتا ہے۔ مثلاً

مثال نمبر(1):

3	2	1	قدر
III	II	I	رومن اعداد

یعنی عدد 4 کو رومن عددی نظام میں ذیل کی طرح نہیں لکھا جا سکتا ہے:

4	قدر
IIII [رومن عددی نظام میں 4 کو اس طرح نہیں (×) لکھا جا سکتا ہے۔]	رومن عدد

اسی طرح عدد 40 کو رومن عددی نظام میں ذیل کی طرح نہیں لکھا جا سکتا ہے۔

40	قدر
XXXX [رومن عددی نظام میں 40 کو اس طرح نہیں (×) لکھا جا سکتا ہے۔]	رومن اعداد

خلاصہ یہ کہ اگر سات بنیادی رومن حرفی علامتوں میں سے کوئی ایک علامت تین مرتبہ دہرائی جاتی ہے تو طریقہ یہ ہے کہ چوتھی مرتبہ اس کے بعد والی بنیادی رومن علامت لی جائے گی۔ اگلے صفحہ نمبر(40) پر دی گئی جدول نمبر(5) سے اسے سمجھنا آسان ہوگا۔ مزید برآں سات بنیادی رومن حرفی علامتوں اور ان کی قدروں کی یاد دہانی کے لیے ایک جدول برائے ریفرنس، اگلے صفحہ نمبر(40) پر دی گئی ہے۔

(سات بنیادی رومن حرفی علامتوں کے لیے جدول برائے ریفرنس)

رومن علامتیں	I	V	X	L	C	D	M
قدر	1	5	10	50	100	500	1000

مثال نمبر (1): جدول نمبر (۵): رومن حرفی علامتوں کو دہرانے کا طریقہ (I سے X تک)

ستون نمبر (1)	ستون نمبر (2)	ستون نمبر (3)	ستون نمبر (4)
عدد	جمع کا اصول	جمع کا اصول	تفریق کا اصول
1	I	-	-
2	II	-	-
3	III	-	-
4	→	→	IV
5	V	-	-
6	→	VI	-
7	→	VII	-
8	→	VIII	-
9	→	→	IX
10	X	-	-

مثال نمبر (2): جدول نمبر (۶): رومن حرفی علامتوں کو دہرانے کا طریقہ (XI سے XX تک)

ستون نمبر(1)	ستون نمبر(2)	ستون نمبر(3)	ستون نمبر(4)
عدد	جمع کا اصول	جمع کا اصول	تفریق کا اصول
11	XI	-	-
12	XII	-	-
13	XIII	-	-
14	→	→	XIV
15	XV	-	-
16	→	XVI	-
17	→	XVII	-
18	→	XVIII	-
19	→	→	XIX
20	XX	-	-

حسب بالا جدول نمبر (۵) اور جدول نمبر (۶) کے بغور مطالعہ سے یہ بات سمجھ میں آتی ہے کہ جب کوئی بنیادی رومن علامت زیادہ سے زیادہ تین مرتبہ دہرائی جاتی ہے تو اس کے فوری بعد آنے والے ہندو۔ عربی عدد کے متبادل رومن عدد کے لیے اس عدد کے بعد والی بنیادی رومن علامت لے کر 'تفریق کا اصول' کا استعمال کر

کے اسے لکھا جاتا ہے۔اور ایسا صرف ان اعداد کے لیے صحیح ہے جن میں ہندسے یا اعداد 4 اور 9 آتے ہیں۔ مثلاً پچھلے صفحہ نمبر (40) پر جدول نمبر (۵) میں 3 کا رومن متبادل 'III' ہے۔اس میں 'I' (آئی) تین مرتبہ دہرایا گیا ہے۔لہذا اس کے بعد والے عدد 4 کو رومن میں لکھنے کے لیے 'I' کے بعد کی بنیادی رومن علامت 'V' (وی) ہے ۔اس لیے اس کو لے کر اور'تفریق کا اصول'استعمال کر کے'V' یعنی پانچ میں سے ایک یعنی 'I' کم کر کے 4 کو رومن میں 'IV' لکھتے ہیں۔'IV' رومن عدد کا ''تفریقی گروپ'' ہے۔

⬅ (نوٹ:''تفریقی گروپ'' کی وضاحت آگے صفحہ نمبر (52) پر 2.8§ میں کی گئی ہے۔

اسی طرح 8 کو رومن میں 'VIII'اس طرح لکھتے ہیں ۔اس میں 'I' تین مرتبہ دہرایا گیا ہے۔لہذا 'V' کے بعد کی بنیادی رومن علامت 'X' لے کر'تفریق کا اصول' کا استعمال کر کے 9 کو رومن میں 'IX'اس طرح لکھتے ہیں۔

اسی طرح پچھلے صفحہ نمبر (41) پر جدول نمبر (۶) میں 13 کا رومن متبادل 'XIII' ہے۔'I' تین مرتبہ دہرایا گیا ہے۔لہذا 4 کا رومن متبادل 'IV' تفریق کے اصول کا استعمال کر کے لکھتے ہیں۔ پھر اسے'جمع کا اصول'استعمال کر کے'X' میں جمع کرتے ہیں۔اس طرح 13 کے بعد 14 کا رومن متبادل 'XIV' ہوگا۔

نیز پچھلے صفحہ نمبر (41) پر جدول نمبر (۶) میں 18 کا رومن متبادل 'XVIII' ہے۔اس میں 'I' (آئی) تین مرتبہ دہرایا گیا ہے۔لہذا 9 کا رومن متبادل 'IX' تفریق کا اصول کا استعمال کر کے لکھتے ہیں۔ پھر اسے'جمع کا اصول'استعمال کر کے'X' میں جمع

کرتے ہیں۔ اس طرح 18 کے بعد 19 کا رومن متبادل 'XIX' ہوگا۔

شق نمبر(ii): جب کوئی رومن حرفی علامت 'دو مرتبہ' یا 'تین مرتبہ' دہرائی جاتی ہے تو اس کی قدر (Value) کو بالترتیب 2 یا 3 سے ضرب دیا جاتا ہے۔

مثال نمبر(1):

رومن اعداد	I	II	III
قدر	$1×1=1$	$1×2=2$	$1×3=3$

مثال نمبر(2):

رومن اعداد	X	XX	XXX
قدر	$10×1=10$	$10×2=20$	$10×3=30$

مثال نمبر(3):

رومن اعداد	C	CC	CCC
قدر	$100×1=100$	$100×2=200$	$100×3=300$

مثال نمبر(4):

رومن اعداد	M	MM	MMM
قدر	$1000×1=1000$	$1000×2=2000$	$1000×3=3000$

شق نمبر(iii): رومن حرفی علامتیں V، L اور D ہمیشہ تنہا لکھی جاتی ہیں۔ یعنی یہ علامتیں کبھی بھی دہرا کر نہیں لکھی جا سکتیں۔ مطلب یہ کہ 10 کو رومن عددی

نظام میں''VV''اس طرح نہیں لکھا جا سکتا ہے۔ذیل کی جدول نمبر(۷) ملاحظہ فرمایئے۔

جدول نمبر(۷):(رومن حرفی علامتوں V،L اور D کو لکھنے کا طریقہ)

قدر	10	10
رومن اعداد	VV [ایسا لکھنا غلط(×) ہے۔]	X [ایسا لکھنا صحیح(✓) ہے۔]
قدر	100	100
رومن اعداد	LL [ایسا لکھنا غلط(×) ہے۔]	C [ایسا لکھنا صحیح(✓) ہے۔]
قدر	1000	1000
رومن اعداد	DD [ایسا لکھنا غلط(×) ہے۔]	M [ایسا لکھنا صحیح(✓) ہے۔]

2.3.3 اصول نمبر(2):جمع کا اصول:(Rule of Addition)

اگر ایک چھوٹی قدر کی رومن حرفی علامت کو بڑی قدر کی علامت کے دائیں جانب(Right Side) لکھا جائے تو چھوٹی قدر کو بڑی قدر میں جمع کیا جائے گا۔

اس طرح لکھے گئے تمام اعداد''جمعی گروپ'' کہلاتے ہیں۔

☜[نوٹ:جمعی گروپ کی وضاحت آگے صفحہ نمبر(52) پر §2.7 میں کی گئی ہے۔]

جمع کے اصول کی تین مثالیں اگلے صفحہ نمبر(45) پر جدول میں دی گئی ہیں۔

مثال نمبر	رومن عدد	(چھوٹا رومن عدد + بڑا رومن عدد) ←
(1)	VI	→ (V+I) =5+1 =6
(2)	XII	→ (X+I+I) =10+1+1 =12
(3)	CX	→ (C+X) =100+10 =110

2.3.4 اصول نمبر (3): تفریق کا اصول (Rule of Subtraction):

اصول نمبر (3) کی چار شقیں ہیں۔

شق نمبر (i): اگر ایک چھوٹی قدر کی رومن حرفی علامت کو بڑی قدر کی رومن حرفی علامت کے بائیں جانب (Left Side) لکھا جائے تو چھوٹی قدر کو بڑی قدر میں سے تفریق کیا جائے گا۔

تفریق کے اصول کی اس شق نمبر (i) کی تین مثالیں اگلے صفحہ نمبر (46) پر جدول میں دی گئی ہیں۔

مثال نمبر	رومن عدد	(چھوٹا رومن عدد - بڑا رومن عدد) →
(1)	IV	→ (V-I) =5-1 =4
(2)	IX	→ (X-I) =10-1 =9
(3)	XC	→ (C-X) =100-10 =90

شق نمبر(ii): صرف رومن حرفی علامتیں 'I'، 'X' اور 'C' ہی تفریق کرنے کے لیے استعمال کی جاسکتی ہیں۔

تفریق کے اس عمل کی چھ تراکیب (Combinations) ہیں جنھیں ذیل کی جدول نمبر (۸) میں دکھایا گیا ہے۔ یہ چھ تراکیب ''تفریقی گروپ'' کہلاتی ہیں۔

جدول نمبر (۸): (رومن حرفی علامتوں I، X اور C کے تفریقی گروپ)

IV=5-1=4	XL=50-10=40	CD=500-100=400
IX=10-1=9	XC=100-10=90	CM=1000-100=900

شق نمبر(iii): رومن حرفی علامتیں V، L اور D کو کسی بھی رومن حرفی علامت میں سے تفریق نہیں کیا جا سکتا ہے۔

یعنی علامتوں V، L اور D کو بڑے رومن حرفی علامت کے بائیں جانب (Left Side) نہیں لکھا جا سکتا ہے۔ مثلاً اس اصول کا استعمال کرکے 95 کو ذیل کی طرح نہیں لکھا جا سکتا کیونکہ V (پانچ) 10 کی کسی بھی قوت کی قدر (طاقت) (Power) نہیں ہے۔

$$100 - 5 = VC \quad (\times)$$

بلکہ اسے ذیل کی طرح لکھا جاتا ہے:

$$95 = 90 + 5 = XCV \quad (\checkmark)$$

شق نمبر(iv): تفریق کے لیے ''تفریقی گروپ'' طے کرتے وقت رومن حرفی علامتوں I، X اور C میں سے کسی ایک ''علامت'' کو صرف ایک مرتبہ ہی استعمال کیا جا سکتا ہے۔

چند ''تفریقی گروپ'' کی مثالیں یہ ہیں:

(۱) IV، IX وغیرہ

(۲) XL، XC وغیرہ

(۳) CD، CM وغیرہ

اب چند رومن اعداد کی مثالیں جن میں ''تفریقی گروپ'' ہیں۔ ان تفریقی گروپ کے نیچے خط کشیدہ کیا گیا ہے۔

$\underline{XIV}=14(1)$ ، $\underline{XCI}=91(2)$ ، $\underline{XCIX}=99(3)$ ،

$\underline{CMXL}=940(4)$ ، $\underline{MC}DLXX\underline{IV}=1474(5)$ ،

وغیرہ $\underline{MCM}LXX\underline{IX}=1979(7)$ ، $\overline{X}\,M\overline{V}\,CD\,IX=14409(6)$

◄ نوٹ: یاد رہے کہ رومن عددی نظام میں تفریق کے اصول کو بہت کم استعمال کیا جاتا ہے۔ یہ صرف اسی وقت استعمال ہوتا ہے جبکہ ہندو - عربی عدد میں ہندسے 4 یا 9 آئیں۔ 4 اور 9 کے تفریقی گروپ کی مثالیں ذیل میں دیکھیے۔

مثال نمبر(1): (4 کے لیے تفریقی طریقہ)

عدد	4	40	400
رومن عدد	IV	XL	CD

مثال نمبر(2): (9 کے لیے تفریقی طریقہ)

عدد	9	90	900
رومن عدد	IX	XC	CM

2.3.5 خلاصہ:

(1) سات بنیادی رومن حرفی علامتوں کو جمع کے اصول میں زیادہ سے زیادہ کتنی مرتبہ دہرا کر لکھا جا سکتا ہے اس کا خلاصہ ذیل میں دیا گیا ہے۔

رومن حرفی علامت	قدر	علامت کو کتنی مرتبہ دہرانے کی اجازت ہے؟
I	1	زیادہ سے زیادہ 3 مرتبہ۔
V	5	دہرانے کی اجازت نہیں (×) ہے۔

X	10	زیادہ سے زیادہ 3 مرتبہ۔
L	50	دہرانے کی اجازت نہیں (×) ہے۔
C	100	زیادہ سے زیادہ 3 مرتبہ۔
D	500	دہرانے کی اجازت نہیں (×) ہے۔
M	1000	زیادہ سے زیادہ 3 مرتبہ۔

(2) یاد رہے علامت I کو صرف ایک مرتبہ V اور X میں سے ہی تفریق کیا جا سکتا ہے:

IV	5-1=4
IX	10-1=9

(3) یاد رہے علامت X کو صرف ایک مرتبہ L اور C میں سے ہی تفریق کیا جا سکتا ہے:

XL	50-10=40
XC	100-10=90

(4) یاد رہے علامت C کو صرف ایک مرتبہ D اور M میں سے ہی تفریق کیا جا سکتا ہے:

CD	500-100=400
CM	1000-100=900

2.4 رومن اعداد کو ملا کر لکھنے کی بنیادی ترکیبیں:

(Basic Combinations of Roman Numbers)

درج بالا اصولوں کے لحاظ سے رومن حرفی علامتوں کو ملا کر لکھنے کی بنیادی ترکیبیں یہ یک نظر ذیل کے تین جداول میں دکھائی گئی ہیں۔

(1): (1 سے 9 تک رومن حرفی علامات کی یکجائی)

هندو-عربی اعداد	1	2	3	4	5	6	7	8	9
رومن اعداد	I	II	III	IV	V	VI	VII	VIII	IX

(2): (1 سے 9 تک 10 کے اضعاف میں رومن حرفی علامات کی یکجائی)

هندو-عربی اعداد	10	20	30	40	50	60	70	80	90
رومن اعداد	X	XX	XXX	XL	L	LX	LXX	LXXX	XC

(3): (1 سے 9 تک 100 کے اضعاف میں رومن حرفی علامات کی یکجائی)

هندو-عربی اعداد	100	200	300	400	500	600	700	800	900
رومن اعداد	C	CC	CCC	CD	D	DC	DCC	DCCC	CM

2.5 کون سی رومن حرفی علامت کس مقام پر لکھی جاتی ہے؟

کسی رومن عدد کو لکھنے کے لیے رومن حرفی علامتوں میں سے کون سی علامت اکائی، دہائی، سیکڑہ اور ہزار کے مقام پر ہی بالترتیب لکھی جاتی ہے، یہ سمجھنا بہتر ہوگا تا کہ رومن عدد لکھتے وقت کسی قسم کی دشواری نہ ہو اور کسی غلطی کا امکان نہ رہے۔ ذیل کے جدول نمبر (9) سے اسے سمجھنے میں آسانی ہوگی۔

جدول نمبر (۹): (کون سی رومن حرفی علامت کس مقام پر لکھی جاتی ہے؟)

ہزار (Thousands)	سیکڑہ (Hundreds)	دہائی (Tens)	اکائی (Units)
M	C	X	I
MM	CC	XX	II
MMM	CCC	XXX	III
$M\overline{V}$	CD	XL	IV
$\overline{V}$	D	L	V
$\overline{V}M$	DC	LX	VI
$\overline{V}MM$	DCC	LXX	VII
$\overline{V}MMM$	DCCC	LXXX	VIII
$M\overline{X}$	CM	XC	IX

﴿نوٹ: جدول میں ہزار کے مقام پر بڑے رومن اعداد $\overline{V}$ اور $\overline{X}$ ہیں ۔ انہیں آگے صفحہ نمبر (81) پر §4.3.2 میں بیان کیا گیا ہے۔﴾

2.6 ہندو- عربی عدد کو رومن عدد میں کس طرح تبدیل کریں گے؟

سوال: 1823 کو رومن عدد میں کس طرح لکھیں گے؟

حل:

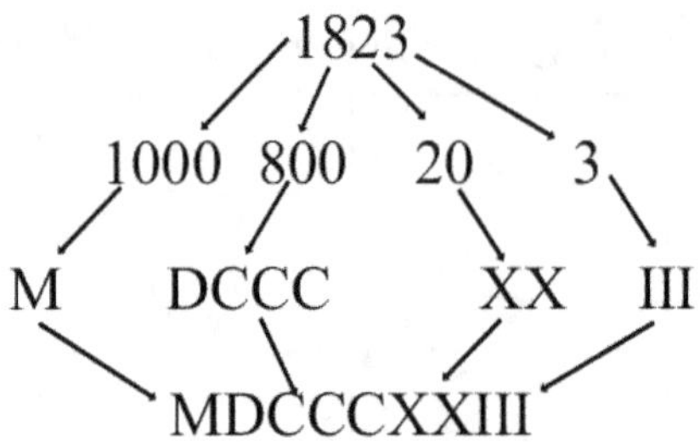

2.7 جمعی گروپ (Additive Group) کی وضاحت:

صرف جمع کے اصول کا استعمال کر کے جتنے بھی رومن اعداد لکھے جاتے ہیں وہ سب رومن اعداد کے ''جمعی گروپ'' ہیں۔

یاد رہے ہے کہ جمعی گروپ میں بڑے رومن عدد کے دائیں ہی جانب ہی کوئی چھوٹا یا برابر رومن عدد لکھا جاتا ہے۔ مثلاً MDLXXVI، LX، VII وغیرہ

2.8 تفریقی گروپ (Subtractive Group) کی وضاحت:

رومن عدد میں تفریقی گروپ وہ ہے جس میں ہندسے 4 یا 9 یا دونوں ہوتے ہیں۔ یاد رکھیے کسی رومن عدد میں ایک سے زیادہ تفریقی گروپ ہو سکتے ہیں۔ مثال کے طور پر 594، 29، 14 کے رومن متبادل XIV، XXIX اور DXCIV ہیں۔ ان مثالوں میں نیچے خط کشیدہ گروپ تفریقی گروپ ہیں۔ مثال DXCIV میں دو تفریقی گروپ (XC) اور (IV) ہیں۔

2.9 ''جمعی گروپ'' اور ''تفریقی گروپ'' دونوں سے مرکب رومن اعداد:

کوئی رومن عدد صرف ''جمعی گروپ''، ''تفریقی گروپ'' یا پھر ''جمعی گروپ'' اور ''تفریقی گروپ'' دونوں کے مرکب پر مبنی ہو سکتا ہے۔ رومن عدد میں یہ گروپ ایک

یا ایک سے زیادہ ہوسکتے ہیں ۔ ہم ''جمعی گروپ'' اور ''تفریقی گروپ'' کی مثالیں اوپر دیکھ چکے ہیں ۔ دونوں گروپ کے ملاپ کی مثالیں نیچے دی جارہی ہیں ۔

(۱) CXCIV=194،

(۲) وغیرہ MCDLXIV=1464

سوال نمبر(1): عدد 39، 43، 56، 69، 80 کو رومن میں کس طرح لکھیں گے؟

حل :

(1) 39=30+9→ XXX+IX→ XXXIX

(2) 43=40+3→ XL+III→ XLIII

(3) 56=50+6→ L+VI→ LVI

(4) 69=60+9→ LX+IX→ LXIX

(5) 80=80→ LXXX

سوال نمبر(2): رومن عدد MCMXXXI کو ہندو-عربی عدد یا بین الاقوامی نظام اعداد میں کس طرح لکھیں گے؟

حل :

رومن عدد	ہزار	سیکڑہ	دہائی	اکائی
MCMXXXI	M	CM	XXX	I
ہندو-عربی عدد	1000	1000-100	10+10+10	1
	1000	900	30	1
ہندو-عربی عدد		1931 →		

سوال نمبر(2): ہندو-عربی عدد 3724 کو رومن میں کس طرح لکھیں گے؟

حل:

عدد	ہزار	سیکڑہ	دہائی	اکائی
3724	3000	700	20	4
رومن عدد	MMM	DCC	XX	IV
رومن عدد	→ MMMDCCXXIV			

● چونکہ ہندو-عربی نظام میں ایک عدد اِک ہندسی، دو ہندسی، تین ہندسی وغیرہ ہوسکتا ہے،اس لیے کسی عدد کی توسیع بائیں سے دائیں جانب اترتی ترتیب میں دس کی قوت کا ہزار، سیکڑہ، دہائی اورا کائی وغیرہ کا مجموعہ ہوتی ہے۔لہذا علامت نویسی کا یہی انداز از رومن اعداد کو لکھنے کے لیے استعمال کیا جاتا ہے۔

1) 29=20+9=XX+IX=XXIX

2) 347=300+40+7=CCC+XL+VII=CCCXLVII

3) 778=700+70+8=DCC+LXX+VIII

$$=DCCLXXVIII$$

4) 3442=3000+400+40+2=MMM+CD+XL+II

$$=MMMCDXLII$$

● ہندو-عربی عددی نظام میں عدد میں ہندسوں کی خالی جگہ (Missing Place) کو پُر کرنے کے لیے "صفر" کا استعمال کرتے ہیں جبکہ رومن عدد لکھتے وقت اسے نظر انداز کر دیا جاتا ہے۔ مثال کے طور پر

1) 140=100+40=C+XL=CXL

2) 408=400+8=CD+VIII=CDVIII

3) 1009=1000+9=M+IX=MIX

4) 1601=1000+600+1=M+DC+I=MDCI

● عیسوی سال کو رومن عدد میں ذیل کی طرح لکھا جاتا ہے۔

(i) آزادی کے مجسمہ (Statue of Liberty) میں کتاب پر درج سال 1776ء کا رومن عددی اظہار یہ ہے:

1776=1000+700+70+6

=M+DCC+LXX+VI

=MDCCLXXVI

(ii) موجودہ عیسوی سال 2020ء کا رومن عددی اظہار یہ ہے:

2020=2000+20

=MM+XX=MMXX

● رومن اعداد کی علامت نویسی کے طریقہ میں سب سے بڑا عدد جو لکھا جا سکتا ہے وہ **3,999** ہے۔ اس کو رومن میں نیچے لکھا گیا ہے:

3,999=3000+900+90+9

=MMM+CM+XC+IX

=**MMMCMXCIX**

کیونکہ اگر 4000 لکھنا ہو تو M کو چار مرتبہ لکھنا ہوگا جو کہ دہرانے کے اصول کے خلاف ہے۔ اس لیے رومن عددی نظام میں بڑے اعداد کو لکھنے کے لیے دیگر طریقوں کی کھوج شروع ہوئی اور حذفی علامت (Apostrophus) اور خطِ اشتراک (Vinculum) علامت طریقے کھوجے گئے۔ ان طریقوں کی وضاحت بالترتیب صفحہ نمبر (79) پر 4.3.1§ اور صفحہ نمبر (81) پر 4.3.2§ میں کی گئی ہے۔

◻◻◻

3۔ رومن اعداد پر بنیادی اعمال

(Basic Operations on Roman Numbers)

رومن اعداد پر چار بنیادی اعمال جمع(Addition)، تفریق (Subtracti on-)، ضرب(Multiplication) اور تقسیم(Division) کیے جاتے ہیں ۔ رومن اعداد ان بنیادی اعمال کی مبادلت پذیری کا قانون (Commutative Law)، تلازم پذیری کا قانون(Associative Law) اور تقسیم پذیری کا قانون(Distributive Law) کو مطمئن(Satisfy) کرتے ہیں ۔ یعنی اگر ہم دو رومن اعداد کی جمع، تفریق، ضرب اور تقسیم (صفر کے سوا) کرتے ہیں تو ہمیں رومن اعداد ہی حاصل ہوتے ہیں ۔ لہذا رومن اعداد ان چار بنیادی اعمال کو "Closed" ہیں ۔ اس ریاضیاتی تفصیل میں نہ جاتے ہوئے ہم ذیل میں صرف رومن اعداد کی جمع، تفریق، ضرب اور تقسیم کے رومی یا دیگر طریقوں سے کچھ واقفیت حاصل کریں گے ۔

3.1 رومن اعداد کی جمع:

قدیم رومی زمانہ میں رومن اعداد پر ریاضی کے بنیادی اعمال (جمع، تفریق، ضرب، تقسیم) کیے جاتے تھے ۔ اس کے لیے اس زمانہ میں مستعمل گنتارا(Abacus)

استعمال کیا جاتا تھا۔ ذیل میں رومن اعداد کی جمع کی مثالیں دی گئی ہیں۔

ـ(نوٹ: سوالات حل کرتے وقت بنیادی رومن اعداد کی بائیں سے دائیں اترتی ترتیب یاد رکھیے۔ یہ ترتیب نیچے دی گئی ہے۔)

$$(M > D > C > L > X > V > I)$$

سوال نمبر(1): 85 اور 63 کی رومن طریقہ سے جمع کیجیے؟

حل:

$$\rightarrow 85 + 63 = ?$$

$$LXXXV + LXIII = ? \text{(رومن میں)}$$

سب سے پہلے دونوں رومن اعداد کو بائیں سے دائیں ایک کے بازو ایک لکھیں گے۔

$$\rightarrow LXXXV \ LXIII$$

اب ان رومن حرفی علامتوں کو بائیں سے دائیں اترتی ترتیب میں لکھیں گے۔ لکھتے وقت یاد رہے کہ جو رومن حرفی علامت جتنی مرتبہ آئی ہے اسے اتنی مرتبہ لکھیں گے۔ اوپر کی مثال میں L دو مرتبہ، X چار مرتبہ، V ایک مرتبہ اور I تین مرتبہ ہے۔ اب یہ ترتیب ذیل کے مطابق ہوگی۔

ترتیب(1)... $\rightarrow LLXXXXVIII$

اب عدد کی اس ترتیب(1) میں L دو مرتبہ ہے اس لیے $2\times50=100$ ہوگا۔ لیکن 100 ایک ہی ہے اس لیے ایک 100 کے لیے رومن عدد C لکھیں گے۔

یعنی

$$LL \rightarrow C$$

اب ترتیب (1) میں X چار مرتبہ ہے اس لیے 4×10=40 ہوگا۔اس لیے 40 کے لیے رومن عدد XL لکھیں گے۔یعنی

$$XXXX \rightarrow XL$$

اب عدد کی ترتیب (1) میں V ایک مرتبہ ہے اس لیے 1×5=5 ہوگا۔لہٰذا 5 کے لیے رومن عدد V لکھیں گے۔یعنی $V \rightarrow V$

اب ترتیب (1) میں I تین مرتبہ ہے اس لیے 1×3=3 ہوگا۔لہٰذا III کا رومن عدد III ہے۔یعنی $III \rightarrow III$

بائیں بازو دیے گئے چوکون میں اس عمل کا خلاصہ دیا گیا ہے۔اس لیے عدد ہوگا:

$$\rightarrow CXLVIII$$

لہٰذا رومن میں ان اعداد کی جمع کرنے پر:

$$\therefore LXXXV + LXIII = CXLVIII$$

<table>
<tr><td>خلاصہ</td></tr>
<tr><td>$LL \rightarrow C$</td></tr>
<tr><td>$XXXX \rightarrow XL$</td></tr>
<tr><td>$V \rightarrow V$</td></tr>
<tr><td>$III \rightarrow III$</td></tr>
</table>

تصدیق: (✓)   85+63=148

سوال نمبر (2): 54اور 28 کی رومن ہندسوں میں جمع کیجیے؟

حل:

$$54 + 28 = 82$$

54 کا رومن متبادل LIV اور 28 کا XXVIII ہے۔اس لیے

LIV+XXVIII=?

سب سے پہلے دونوں رومن اعداد کو ایک کے بازو ایک لکھیں گے۔

→ LIV XXVIII

LIV میں IV تفریقی گروپ ہے۔اس لیے تفریق کرنے کے لیے بائیں جانب لکھے گئے رومن حرفی علامات کو سب سے پہلے حذف کریں گے یا انہیں کاٹیں گے۔طریقہ نیچے دیکھیے۔(← نوٹ:علامت کو حذف کرنے یا کاٹنے کے لیے اس کے اطراف باکس بنایا گیا ہے۔)

→ L█V XXVII█

اب ترتیب یہ ہوگی: → LV XXVII

اب اس عدد کو رومن حرفی اعداد کی اترتی ترتیب میں لکھیں گے:

→ LXXVVII

اس ترتیب میں VV کا مطلب 10 ہے یعنی X۔اس لیے اس ترتیب کو ذیل کے مطابق لکھنے پر:

→ LXXXII

اس لیے ان رومن اعداد کی جمع ہوگی:

∴ LIV+XXVIII=LXXXII

تصدیق: (✓) $54 + 28 = 82$

سوال نمبر(3):جمع کیجیے: 342+17+68

حل:

سب سے پہلے ان اعداد کو رومن میں لکھیں گے:

CCCXLII+XVII+LXVIII=?

اب ان اعداد کو ایک کے بازو ایک لکھیں گے:

→ CCCXLII XVII LXVIII

اب ان اعداد کو ان کی قدروں کے لحاظ سے اترتی ترتیب میں لکھیں گے:

→ CCCLLXVVIIIIIII

اب مشابہ رومن اعداد کا گروپ بنا کر نیچے خط کشیدہ کریں گے:

→ <u>CCC</u> <u>LL</u> <u>VV</u> <u>X</u> <u>IIIIIII</u>   ...(۱) ترتیب

سب سے پہلے L کے گروپ کو حل کریں گے۔ دو LL یعنی 50+50 =100 ہوتا ہے اس لیے یہ C ہے۔

دو VV یعنی 5+5=10 ہوتا ہے اس لیے یہ X ہے۔

سات IIIIIII 'آئی' کا مطلب VII ہے۔ اس لیے ترتیب (۱) ذیل کے مطابق ہوگی:

→ <u>CCC</u> <u>C</u> <u>X</u> <u>X</u> <u>VII</u>

اب X اور C کا گروپ بنانے پر:

→ <u>CCCC</u> <u>XX</u> <u>VII</u>

CCCC کا مطلب 400 ہے اس لیے اس کو تفریق کا اصول استعمال کر

کے CD لکھنے پر:

$$\rightarrow \underline{CD} \ \ \underline{XX} \ \ \underline{VII}$$

اس لیے ان اعداد کی رومن جمع یہ ہوگی:

$$\rightarrow CDXXVII$$

$$\therefore CCCXLII+XVII+LXVIII=CDXXVII$$

تصدیق: $(\checkmark)$ $342+17+68=427$

3.2 رومن اعداد کی تفریق:

رومن اعداد کی تفریق کرتے وقت تفریقی گروپ کا خاص طور سے خیال رکھنا پڑتا ہے۔ جس عدد میں 4 اور 9 ہندسے ہوتے ہیں وہی رومن عدد کا ''تفریقی گروپ'' ہوتا ہے۔ مثلاً IV، IX، XLV، XIX وغیرہ۔ تفریق کرنے کے لیے تفریقی گروپ کو پہلے اس میں کی سب سے بڑی بنیادی رومن حرفی علامت سے چھوٹی رومن علامت میں تبدیل کر کے لکھیے۔ مثلاً IV میں سب سے بڑی علامت V اور چھوٹی علامت I ہے۔ اس لیے IV کو 'IIII' لکھیں گے۔ XLV میں تفریقی گروپ XL ہے۔ اس میں سب سے بڑی علامت L اور چھوٹی علامت X ہے۔ اس لیے رومن چالیس 'XL' کو 'XXXX' اس طرح لکھیں گے۔ آیئے اب تفریق کے اس عمل کو چند مثالوں سے سمجھنے کی کوشش کریں۔

مثال نمبر (1): 8 میں سے 5 کو رومن طریقہ سے تفریق کیجیے؟

حل:

$$8 - 5 = ?$$

$$\therefore \ VIII - V = ? \qquad (\text{رومن میں})$$

مشابہ رومن علامت V کو حذف کرنے پر

$$\rightarrow \boxed{V}III-\boxed{V}$$

باقی رہا III۔ اس لیے

$$VIII-V=III$$

تصدیق: (✓) $8-5=3$

مثال نمبر(2): 123 میں سے 56 کو رومن طریقہ سے تفریق کیجیے؟

حل: طریقہ نمبر(I):

$$123 - 56 = ?$$

$$\therefore \ CXXIII - LVI = ?$$

اس مثال میں کوئی تفریقی گروپ نہیں ہے اس لیے مشابہ علامت (I) نشان زدکر کے حذف کرنے پر:

$$=CXXI\boxed{I}-LV\boxed{I}$$

$$=CXXII-LV$$

L کا مطلب 50 ہے اس لیے L کو XXXXX سے بدل کر مشابہ علامتوں کو نشان زدکر کے حذف کرنے پر:

$$=C\underline{XX}II-XXX\underline{X}XV$$

$$=C\boxed{XX}II-XXX\boxed{XX}V$$

$$=CII-XXXV$$

C کو LL سے بدلیں گے۔اس لیے

$$=LLII-XXXV$$

اب ایک L کو'XXXXX'سے بدل کر مشابہ علامت نشان زد کر کے حذف کرنے پر:

$$=L\underline{XXXXX}II-\underline{XXX}V$$

$$=LXX\boxed{XXX}II-\boxed{XXX}V$$

$$=LXXII-V$$

ایک X کا مطلب'VV'ہے۔اس لیے مشابہ علامت کو نشان زد کر کے حذف کرنے پر:

$$=LX\underline{V}VII-\underline{V}$$

$$=LX\boxed{V}VII-\boxed{V}$$

$$\therefore =LXVII$$

تصدیق: ‎ ‎ ‎ ‎ ‎ ‎ (✓) ‎ ‎ ‎ ‎ $123 - 56 = 67$

حل:طریقہ نمبر(II):

$$123 - 56 = ?$$

ترتیب(1)... ‎ ‎ ‎ ‎ $CXXIII - LVI = ?$

اس ترتیب نمبر (1) میں C کا مطلب 100 یعنی '50+50' ہے۔ اس لیے C کو LL سے بدلیں گے۔ لہذا ترتیب (1) کو ذیل کے مطابق لکھنے اور مشابہ علامتیں نشان زد کر کے حذف کرنے پر:

$$=L\boxed{L}XXII\boxed{I}-\boxed{L}V\boxed{I}$$

$$=LXXII-V$$

اب ایک ایک X کو VV میں تبدیل کرنے اور مشابہ علامتیں نشان زد کر کے حذف کرنے پر:

$$=LX\boxed{V}VII-\boxed{V}$$

$$=LXVII$$

تصدیق: (✓) $123 - 56 = 67$

مثال نمبر (3): 2564 میں سے 982 کو رومن میں تفریق کیجیے؟

حل:

$$2564 - 982 = ?$$

$$MMDLXIV - CMLXXXII = ?$$

سب سے پہلے تفریقی گروپ کا جائزہ لیں گے۔ اس مثال میں دو تفریقی گروپ IV اور CM ہیں۔ لہذا پہلے انہیں آسان شکل میں لکھیں گے۔ IV کو IIII اور CM کو ضرورت کے مطابق آسان شکل میں لکھتے جائیں گے۔ CM یعنی 9000۔ اس لیے CM کو DCCCC سے بدلیں گے۔

$$=MMDLX\underline{IV} - \underline{CM}LXXXII$$

$$=MMDLXI\underline{IIII}V - \underline{DCCCC}LXXXII$$

اب مشابہ علامتیں نشان زد کر کے انہیں حذف کرنے پر

$$=MM\boxed{DLX}II\boxed{I} - \boxed{D}CCCC\boxed{LX}XX\boxed{II}$$

$$=MMII - CCCCXX$$

اب ایک M یعنی 1000 کو 500+500 یعنی D D لکھیں گے اور پھر ایک D یعنی 500 کو پانچ مرتبہ CCCCC سے بدلیں گے ۔ نیز مشابہ علامتیں نشان زد کر کے انھیں حذف کریں گے ۔

$$=MDDII - CCCCXX$$

$$=MD\boxed{CCCC}II - \boxed{CCCC}XX$$

$$=MDCII - XX$$

اب ایک C یعنی 100 کو 50+50 یعنی LL سے بدلیں گے ۔

$$=MDLLII - XX$$

اب ایک L یعنی 50 کو پانچ X X X X X سے بدلیں گے اور مشابہ علامتوں کو نشان زد کر کے انہیں حذف کریں گے ۔

$$=MDLXXX\boxed{XX}II - \boxed{XX}$$

$$\therefore =MDLXXXII$$

تصدیق: $(\checkmark)$ $2564 - 982 = 1582$

3.3 رومن اعداد کا ضرب:

رومن اعداد کے ضرب کا طریقہ آسان نہیں ہے۔ اور یہ طریقہ واضح بھی نہیں ہے ۔ اس لیے مناسب معلوم ہوتا ہے کہ یہاں ضرب کے مصری طریقہ کا صرف معلومات کے لیے ذکر کیا جائے ۔

ضرب کے لیے مصری ''آدھا اور دگنا کرنا'' (Halving & Doubling) کا طریقہ استعمال کرتے تھے۔ اس طریقہ میں پہاڑے یاد رکھنے کی ضرورت نہیں ہوتی ہے ۔ جن دو اعداد کا ضرب کرنا ہے انہیں ستون نمبر (۱) اور ستون نمبر (۳) میں بائیں سے دائیں لکھیے ۔ ستون نمبر (۲) کے عدد ''مضروب'' (Multiplicand) کو آدھا کر کے نیچے لکھتے جائیے اور ''باقی'' (Remainder) کو نظر انداز کیجیے۔ ستون نمبر (۳) کے عدد ''مضروب فیہ'' (Multiplier) کو دگنا کر کے نیچے لکھتے جائیے ۔ ستون نمبر (۱) میں آدھا کرنے سے حاصل ہونے والے جفت عدد (Even Number) کے متعلقہ عدد کو ستون نمبر (۳) میں قطع (Cross-Out) کیجیے۔ (سہولت کی خاطر ان جفت اعداد کے اطراف باکس بنایا گیا ہے)۔ ستون نمبر (۳) کے اس طرح بچنے والے تمام طاق اعداد کی جمع کیجیے ۔ یہ حاصلِ جمع متعلقہ اعداد کا حاصلِ ضرب ہوگا۔

ایک مثال کے ذریعہ سے مصریوں کے ضرب کے اس طریقہ کو سمجھنے کی کوشش کریں گے۔

مثال: دو اعداد 83 اور 55 کا ضرب کیجیے۔

حل:

ستون نمبر(۱)	ستون نمبر(۲)	ستون نمبر(۳)
مضروب	باقی	مضروب فیہ
83	-	**55**
(آدھا کرنے پر) ↓	(باقی نظر انداز کرنے پر)	(دگنا کرنے پر) ↓
41	1	110
20 (جفت)→	1	220 (یہ جفت ہے اس لیے میزان میں شامل نہیں کرنے پر)
10 (جفت)→	0	440 (یہ جفت ہے اس لیے میزان میں شامل نہیں کرنے پر)
5	0	880
2 (جفت)→	1	1760 (یہ جفت ہے اس لیے میزان میں شامل نہیں کرنے پر)
1	0	3520
حاصلِ ضرب→	55+110+880+3520=4565	

تصدیق: (✓) $83 \times 55 = 4565$

ویسے تو مصریوں کا یہ طریقہ واضح ہے پھر بھی ان اعداد کو رومن میں لکھ کر حاصلِ ضرب معلوم کرنے کی کوشش کریں گے۔

ستون نمبر (۳)	ستون نمبر (۲)	ستون نمبر (۱)
مضروب فیہ	باقی	مضروب
55	-	83
LV	-	LXXXIII
(دگنا کرنے پر) ↓	(باقی نظرانداز کرنے پر)	(آدھا کرنے پر) ↓
CX	1	XLI
CCXX (یہ جفت ہے اس لیے میزان میں شامل نہیں کرنے پر)	1	XX (جفت)←
CDXL (یہ جفت ہے اس لیے میزان میں شامل نہیں کرنے پر)	0	X (جفت)←
DCCCLXXX	0	V
MDCCLX (یہ جفت ہے اس لیے میزان میں شامل نہیں کرنے پر)	1	II (جفت)←
MMMDXX	0	I
LV+CX+DCCCLXXX +MMMDXX=M$\overline{\text{V}}$DLXV		حاصلِ ضرب←

ذیل میں سات بنیادی رومن حرفی اعداد کا سات بنیادی رومن حرفی اعداد

سے راست ضرب کو دکھایا گیا ہے۔

(بنیادی رومن اعداد کا ایک دوسرے سے ضرب)

بنیادی رومن اعداد کا ایک دوسرے سے ضرب	بنیادی رومن اعداد اور ہندو۔عربی اعداد کا ضرب	بنیادی رومن اعداد اور ہندو۔عربی اعداد کا ضرب	ہندو۔عربی اعداد کا حاصل ضرب
I×I	I×1	1×I	1=I
V×V	V×5	5×V	25=XXV
X×X	X×10	10×X	100=C
L×L	L×50	50×L	2500=MMD
C×C	C×100	100×C	$10000=\overline{X}$
D×D	D×500	500×D	$250000=\overline{CCL}$
M×M	M×1000	1000×M	$1000000=\overline{M}$

حسب بالا جدول میں دکھائے گئے راست ضرب کی تفصیل کو اگلے صفحہ نمبر (71) پر جدول نمبر (۱۰) میں مزید اختصار کے ساتھ ڈائریکٹ ضرب کی صورت میں دکھایا گیا ہے۔ اس سے دو بنیادی رومن حرفی اعداد کا راست حاصلِ ضرب کیا ہوتا ہے یا ان کا مربع (Square) کیا ہوتا ہے، یہ سمجھنے میں آسانی ہوگی۔

مثلاً (۱): I×I=I ، I×L=L ، I×M=M

(۲): L×V=CCL ، L×L=MMD ، $L×D=\overline{XXV}$

جدول نمبر (۱۰): (بنیادی رومن اعداد کا ایک دوسرے سے راست ضرب)

×	I	V	X	L	C	D	M
I	I	V	X	L	C	D	M
V	V	XXV	L	CCL	D	MMD	$\overline{V}$
X	X	L	C	D	M	$\overline{V}$	$\overline{X}$
L	L	CCL	D	MMD	$\overline{V}$	$\overline{XXV}$	$\overline{L}$
C	C	D	M	$\overline{V}$	$\overline{X}$	$\overline{L}$	$\overline{C}$
D	D	MMD	$\overline{V}$	$\overline{XXV}$	$\overline{L}$	$\overline{CCL}$	$\overline{D}$
M	M	$\overline{V}$	$\overline{X}$	$\overline{L}$	$\overline{C}$	$\overline{D}$	$\overline{M}$

3.4 رومن اعداد کی تقسیم:

قدیم زمانے میں رومی رومن اعداد کی تقسیم کس طرح کرتے تھے واضح نہیں ہے۔ رومن اعداد پر ریاضی کے بنیادی اعمال کے مشاہدے سے یہ بات سمجھ میں آتی ہے کہ شاید ہندو۔ عربی اعداد کی طرح ہی ان کی تقسیم کی جاتی ہوگی۔ لیکن تقسیم کے عمل کے لیے رومی خاص قسم کا گنتارا (Abacus) استعمال کرتے تھے۔ لہذا ہم یہاں مصریوں کے یہاں رائج تقسیم کے طریقۂ ضرب سے کچھ واقفیت حاصل کریں گے۔ یہ طریقہ ان کے ضرب کے طریقہ کا الٹا ہے۔ جس میں مقسوم علیہ (Divisor) کو متواتر دگنا کر کے مقسوم (Dividend) حاصل کیا جاتا ہے۔ پھر خارج قسمت

(Quotient)اور باقی (Remainder)معلوم کیا جاتا ہے۔ایک مثال سے اسے سمجھنے کی کوشش کریں گے۔

مثال:204 کو6 سے مصری تقسیم کے طریقہ سے تقسیم کیجیے؟

حل :

2 کی قوتیں	مقسوم علیہ (Divisor) کو یکے بعد دیگرے دگنا کرنے پر
1	6
2	12
4	24
8	48
16	96
32	192
64	384

384 مقسوم204 سے بڑا ہے۔اس لیے مقسوم علیہ کے ستون سے ان اعداد کی جمع کیجیے جس سے مقسوم(204) کا میزان حاصل ہو۔ یہ مشاہدہ سے کرنا ہوگا۔

$$\therefore \quad (مقسوم)\ 204 = 12 + 192 \rightarrow$$

اب خارج قسمت (Quotient) معلوم کرنے کے لیے مقسوم علیہ کے نظیری ستون میں192 اور12 کی''2 کی قوتیں'' کودیکھیں گے۔

$$192 \text{ کی نظیری قدر کی ''2 کی قوت''} = 32$$

$$12 \text{ کی نظیری قدر کی ''2 کی قوت''} = +\ 2$$

$$\overline{ 34 }$$

$$\text{اس لیے خارجِ قسمت} = 34$$

$$\text{باقی} = 0$$

تصدیق: مقسوم = مقسوم علیہ × خارجِ قسمت + باقی

$$204 = 6 \times 34 + 0$$

$$204 \div 6 = 34 \ (\checkmark)$$

❑ ❑ ❑

4۔رومن اعداد کی خاص قدریں

4.1 رومن عددی نظام اور "صفر" (Zero):

رومن عددی نظام میں ہندو-عربی عدد "صفر" (Zero) کی اپنی کوئی رومن علامت نہیں ہے۔ قرونِ وسطیٰ کے اسکالرس "0" کے بدلے لاطینی لفظ nulla استعمال کرتے تھے جس کے معنی "none" کے ہوتے ہیں۔ رومن اعداد کے ساتھ nulla کا استعمال 525 ق۔م۔ میں Dionysius Exiguus یا اس کے Bede یا اس کے ساتھیوں میں سے کوئی صفر کے لیے حرف "N" کا استعمال کرتے تھے جو کہ nulla اور nihil کا پہلا حرف ہے۔ لاطینی لفظ nihil کے معنی "nothing" ہیں۔ یہ شمسی سال اور قمری سال کے دنوں کی تعداد کا باہمی فرق (لوند کا سال) دکھانے والے ٹیبل میں علانیہ طور پر رومن اعداد میں لکھا ہوتا تھا۔ ذیل میں رومی کسروں کی مدد سے اپنا حساب کتاب کس طرح کرتے تھے اس کی وضاحت کی گئی ہے۔

> **0**
>
> صفر وہ واحد عدد ہے جس کی نمائندگی رومن ہندسوں میں نہیں کی جاسکتی ہے۔

4.2 کسورِ اعشاریہ:(Fractions)

رومی کسروں(Fractions) کی مدد سے اپنے بہت سے عملی تحسیبات (Practical Calculations)لفظ''بارہواں''(uncia) یا اثنا عشری نظام (Duo Decimal System)- کے ذریعہ کیا کرتے تھے۔ کیونکہ عشری نظام کے مقابلہ [جو کہ (5×2=10) پر منحصر ہے] 12 کی تقسیم پذیری(3×2²=12) کو عام کسروں 1/3 اور 1/4 سے بآسانی ہینڈل(Handle) کیا جاسکتا ہے۔

"uncia"لمبائی، وزن اور حجم کی رومن اکائی ہے۔ رومن اِنچ (Inch) رومن فٹ (pes) کے 12 حصوں کے برابر ہوتا ہے۔ لیکن یہ اکائی جلد ہی ہر چیز کے 1/12 حصوں کے معنوں میں استعمال ہونے لگی۔ اس لیے "uncia" کا طریقہ عام طور پر مقبول ہوا۔ چھوٹے کسروں کی ضرورت پڑنے پر رومی عام طور پر "uncia" کے چھوٹے حصے کرتے تھے ۔ یہ طریقہ ایسا ہی تھا جیسے کسی لمبائی کی پیمائش اِنچوں (Inches)میں پھر اِنچوں کے حصوں میں کی جائے ۔ اس طریقہ سے کسی شے کی درست تو نہیں لیکن قریب قریب لمبائی معلوم کی جاسکتی ہے ۔

uncia کے مضاعف (Multiples) کے لیے رومن اور قرونِ وسطٰی کی علامتیں استعمال کی جاتی تھیں ۔ یہ مضاعف semis یا چھ unciae یا'ایک - آدھا' کو اکثر اِلۓ S(2) سے ظاہر کیا جاتا تھا۔ البتہ uncia علامتیں کبھی بھی معیاری نہیں رہیں اور ہر کوئی انہیں استعمال بھی نہیں کرتا تھا۔ قرونِ وسطٰی کے بہت بعد کے زمانہ کے لکھاریوں نے کسری بار(Fraction Bar) کو بطور متبادل استعمال کیا۔

چونکہ رومن عددی نظام میں کسرِ اعشاریہ کی تحسیب کے لیے کوئی ٹھوس اور معیاری طریقہ نہیں تھا اس لیے رومیوں نے کسروں کو الفاظ کے ذریعہ واضح کیا۔ انہوں نے مختلف کسروں کے جو نام رکھے تھے انہیں اگلے صفحہ نمبر (77) پر جدول نمبر (11) میں دیا گیا ہے۔ مثال کے طور پر دو - ساتواں‘ کو "Duae Septimae" اور 'تین - آٹھویں‘ کو "Tres Octavae" لکھا جاتا تھا۔ رومیوں کے یہاں ہر قابلِ ذکر کسر جیسے 'تینتیس - ستر ہواں‘ (Thirty Three Seventieths) کا کوئی نام نہیں تھا۔ صرف کسروں کے نام رکھنے کی وجہ سے کاروبار اور تجارتی امور تو انجام دیے جا سکتے تھے لیکن اعلیٰ ریاضی کے مسائل حل کرنا دشوار تھا۔

اس زمانہ میں سکّوں پر کسروں کی اثنا عشری قدریں "as" اکائی میں ہوتی تھیں۔ ان پر بارہویں (Twelfths) اور آدھے (Halves) علامت نویسی کے نظام پر منحصر Tally-Like شماری نشان ہوتے تھے۔ "as" وزن کی ایک اکائی ہے۔ قدیم روم میں "uncia" کانسہ کا ایک سکّہ ہوتا تھا جو وزن کی اکائی "as" کا بارہواں حصہ ہوتا تھا۔ ذیل کی شکل نمبر (5) اور شکل نمبر (6) دیکھیے۔

شکل نمبر (6): آدھی قدر کا سکّہ (A semis coin) (نوٹ کیجیے کہ اس میں S اس کی قدر کو بتاتا ہے۔)

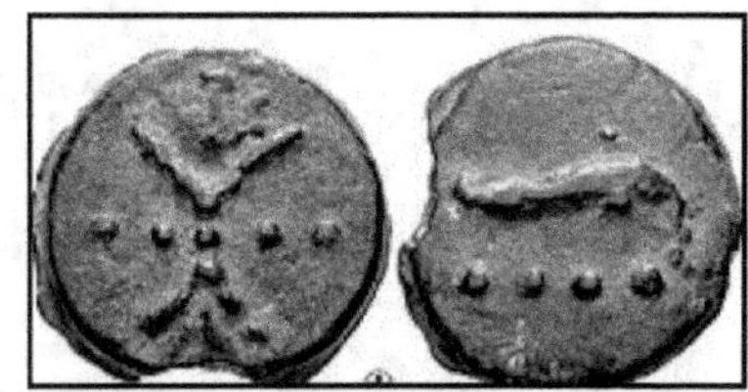

شکل نمبر (5): تہائی قدر کا سکّہ (A triens coin) (نوٹ کیجیے کہ اس میں چار نقطے اس کی قدر کو بتاتے ہیں۔)

● ایک نقطہ یا ڈاٹ (●) ''بارہواں''(Uncia) کو ظاہر کرتا ہے ۔ نقطے ''پانچ بارہویں''(Five Twelfths) کسروں تک دہرائے جاتے تھے ۔

● یہ ضروری نہیں تھا کہ نقطوں کی ترتیب خطی ہی ہو، انہیں عمودی ترتیب میں بھی کندہ کیا جاتا تھا۔ ذیل کی جدول نمبر (۱۱) میں ستون نمبر (۴) دیکھیے ۔

● ''چھ بارہواں''، یعنی ''ایک آدھا''، کو "semis" کے پہلے حرف "S" سے بتایا جاتا تھا۔

● سات سے گیارہ کے بارہویں کسروں کے لیے S کے آگے uncia نقطے لگائے جاتے تھے۔

● رومیوں کے زمانہ میں 1/12 سے 12/12 ہر کسر کے نام تھے جو متعلقہ سکّوں کے نام ہوتے تھے ۔

جدول نمبر (۱۱): (قدیم سکّوں کی کسری قدریں اوران کے نام)

کسریں (Fractions)	معنی و مفہوم	سکّہ کس نام سے پکارا جاتا تھا؟	رومن عدد
1/12	بارہواں	Uncia	●
2/12=1/6	چھٹا	Sextans	●● یا :
3/12=1/4	ایک چوتھائی	Quadrans	●●● یا ∴
4/12=1/3	ایک تہائی	Triens	●●●●
5/12	پانچ کا بارہواں	Quincunx	●●●●●

6/12=1/2	آدھا	Semis	S
7/12	سات کا بارہواں	Septunx	S•
8/12=2/3	دوتہائی	Bes	S•• یا S:
9/12=3/4	تین چوتھائی یا نو کا بارہواں	Dodrans	S••• یا S∴
10/12=5/6	چھٹے حصے سے ایک کم یا دس کا بارہواں	Dextans	S••••
11/12	بارہویں سے ایک کم یا گیارہ کا بارہواں	Deunx	S•••••
12/12=1	اکائی	as	I

دیگر رومن کسری Notations میں مندرجہ ذیل علامتیں شامل ہیں :

(i) 1/8 یعنی sescuncia کو semuncia اور uncia کی علامتوں کے سلسلہ سے بتایا جاتا تھا۔

(ii) 1/24 یعنی semuncia کو متعدد تصویری تحریروں (Glyphs) سے ظاہر کیا جاتا تھا جیسے سگما (Σ)، پونڈ کی علامت (₤) بنا چھوٹے افقی خط کے اور سلافی (Cyrillic) حرف (Є)۔

(iii) 1/36 یعنی binae sextulae یا duella کو S کے دوالٹے عکس (ƧƧ) سے ظاہر کیا جاتا تھا۔

‏(iv) 1/48 یعنی *sicilicus* کو الٹے C یعنی (Ɔ) سے بتایا جاتا تھا۔

‏(v) 1/12 یعنی *sextula* یا *uncia* کا 1/6 کو ایک الٹے S یعنی (Ƨ) سے بتایا جاتا تھا۔

‏(vi) $12^{-2}=1/144$ یعنی *dimidia sextula* یا *sextula* کا آدھا کو درمیان سے چھوٹے افقی خط سے قطع کیے گئے الٹے S سے بتاتے تھے۔

‏(vii) 1/288 یعنی *scripulum* یا *scruple* کو علامت (Э) سے ظاہر کیا جاتا تھا۔

‏(viii) $12^{-3}=1/1728$ یعنی *siliqua* کو تنگ منقار (Closing Guillemets) علامت (») سے بتاتے تھے۔

4.3 بڑے اعداد: (Large Numbers)

بڑے رومن اعداد کو لکھنے کے لیے متعدد علامتیں استعمال کی گئیں جو کہ روایتی رومن عددی نظام میں بنیادی سات رومن حرفی علامتوں I,V,X,L,C,D اور M کا استعمال کر کے نہیں لکھی جاسکتی تھیں۔ اس کے لیے 'حذفی علامت' (Apostrophus) طریقہ اور 'خطِ اشتراک' (Vinculum) طریقہ اختیار کیا گیا۔

4.3.1 حذفی علامت طریقہ: (Apostrophus Method)

متعدد طریقوں میں سے ایک حذفی علامت طریقہ میں 500 کو IƆ لکھا جاتا تھا جبکہ عام طور پر 500 کو D لکھا جاتا ہے۔ اسی طرح 1000 کو M کے بجائے CIƆ لکھا جاتا ہے۔ یہ ہزاروں (Thousands) کی قدر کو ظاہر کرنے کے

لیے اعداد کو بند کر کے (IC اور الٹے C یعنی Ɔ کو قوسین تصور کیجیے) لکھنے کا ایک طریقہ ہے جس کا نقطۂ آغاز ایٹوریائی اعداد کے استعمال سے ہوتا ہے۔ بہت ممکن ہے کہ آگے چل کر 500 کے لیے ID اور 1000 کے لیے علامت M کو روایتی رومن نظام میں ترجیح میں رکھا گیا ہو۔

اس عددی نظام میں ایک اضافی Ɔ یعنی 500 اور متعدد اضافی Ɔ کو 5000، 50,000 وغیرہ کے معنوں میں لیا جاتا ہے۔ یہ ایک توجہ طلب اور پیچیدہ طریقہ ہے۔ ذیل کی جدول نمبر (۱۲) دیکھیے۔

جدول نمبر (۱۲): (بڑے رومن اعداد لکھنے کا حذفی علامت طریقہ)

بڑا رومن عدد	قدر
IƆ	500
CIƆ	**1000**
CIƆƆ	1500
CCIƆ	5,000
CCIƆƆ	**10,000**
CCIƆƆƆ	10,500
CCCIƆƆ	15,000
CCCIƆ	50,000

CCCIƆƆƆ	**100,000**
CCCIƆƆƆƆ	100,500
CCCIƆƆƆƆƆ	105,000
CCCIƆƆƆƆƆƆ	150,000

اس جدول کا خلاصہ ذیل کے جدول نمبر (۱۳) میں کیا گیا ہے:

جدول نمبر (۱۳): (حذفی علامت طریقہ سے لکھنے کا خلاصہ)

تین زائد	دو زائد	ایک زائد	بنیادی عدد
IƆƆƆ =50,000	IƆƆ =5000	IƆ =500	-
-	-	CIƆƆ =1500	CIƆ =1,000
-	CCIƆƆƆƆ =15,000	CCIƆƆƆ =10,500	CCIƆƆ =10,000
CCCIƆƆƆƆƆƆ =150,000	CCCIƆƆƆƆƆ =105,000	CCCIƆƆƆƆ =100,500	CCCIƆƆƆ =100,000

4.3.2 خطِ اشتراک طریقہ: (Vinculum Method)

چونکہ "حذفی علامت طریقہ" ایک توجہ طلب اور دشوار طریقہ تھا اس لیے اس

سے آسان طریقہ ''خطِ اشتراک'' (Vinculum) کو بڑھاوا ملا۔ جس میں روایتی رومن اعداد V,X,L,C,D اور M کے اوپر ایک چھوٹی لکیر (Bar) لگائی جاتی ہے اور یہ عمل اس عدد کو 1000 سے ضرب دینے کے برابر سمجھا جاتا ہے۔ یاد رہے اس میں علامت (I) شامل نہیں ہے۔ ذیل کی جدول نمبر (۱۴) دیکھیے۔

جدول نمبر (۱۴): (بڑے رومن اعداد لکھنے کا خطِ اشتراک طریقہ)

قدر	رومن عدد
5,000	$\overline{V}$
10,000	$\overline{X}$
50,000	$\overline{L}$
100,000	$\overline{C}$
500,000	$\overline{D}$
1,000,000	$\overline{M}$

رومن اعداد میں عام طور پر اکائی، دہائی اور سیکڑہ کو ظاہر کیا جاتا ہے۔ لیکن ہزاروں کی قدر کو ظاہر کرنے کے لیے (بجائے M کو اصول کے خلاف دہرانے کے) اسے ''خطِ اشتراک'' (Barred) کی علامت کا استعمال کرکے ظاہر کرتے ہیں۔ مثال کے طور پر

$$(1) \quad \overline{IV} = 4000$$

$$(2) \quad \overline{\text{IVDCXXVII}} = 4627$$

$$(3) \quad \overline{\text{XXV}} = 25000$$

$$(4) \quad \overline{\text{XXVCDLIX}} = 25459$$

قرونِ وسطیٰ کا ایک دوسرا نامواقف استعمال یہ تھا کہ عدد کے آگے پیچھے عمودی خطوط یا قوسین لگا کر 10 یا 100 سے ضرب کی جاتی تھی۔ مثال کے طور پر $\overline{\text{X}}$ کے متبادل کے طور پر 10,000 کو لکھنے کے لیے $|\text{M}|$ لکھا جاتا تھا۔

مزید عدد کے اوپر افقی لکیر (Bar) اور قوسین (Brackets) کا استعمال کر کے دس، سَو یا ہزار کے مضروب فیہ یا ضارب (Multiplier) حاصل کیے جاتے تھے۔ مثلاً

(1) 80,000 یا 800,000 کے لیے $|\overline{\text{VIII}}|$ کو لکھا جاتا تھا۔

(2) 200,000 یا 2,000,000 کے لیے $|\overline{\text{XX}}|$ کو لکھا جاتا تھا۔

□□□

5۔ رومن اعداد کا استعمال

5.1 رومن اعداد کے استعمال کی وسعت:

(Scope of Use of Roman Numbers)

رومن اعداد تخلیقی صلاحیت کے حامل اور بہت ہی پُرکشش ہوتے ہیں۔ لیکن بہت ساری کمیوں کے باوَجود روز مرّہ کی زندگی میں ان کی اپنی افادیتیں ہیں۔ بعض مخصوص سیاق وسباق میں ان کا استعمال آج بھی کیا جاتا ہے۔ ذیل میں ان کا اجمالی ذکر کیا گیا ہے۔

(1) جلوسی اعداد:(Regnal Numbers)

جلوسی اعداد وہ ترتیبی اعداد (Ordinal Numbers) ہیں جو ایک ہی دفتر میں ایک ہی نام کے اشخاص کے درمیان فرق کو ملحوظ رکھنے کے لیے استعمال کیے جاتے ہیں۔ بطور خاص وہ پوپ (Popes) اور ایک ہی قلمرو کے ایک ہی نام والے بادشاہ، ملکہ، شہزادے اور شہزادیوں کے جلوسی ناموں میں فرق کے لیے ان کے نام کے آگے لکھے جاتے ہیں۔ مثلاً:

(1) انگلستان کی ملکہ الزبتھ دوّم (Elizabeth II)،

وضاحت: اس میں ترتیبی عدد ''دوّم'' ہے۔اس لیے نام کے ساتھ ''دوّم'' جلوسی عدد ہے۔اس کا تلفّظ ''الزبتھ دوّم'' (Elizabeth,the Second) ہوگا۔اسی طرح لوئیس سولہواں (Louis XVI) اور ہنری ہشتم (Henry VIII) وغیرہ۔

(۲) رومن کیتھولک چرچ کے پوپ جان پال دوّم (Pope John Paul II) اور پوپ بینیڈکٹ سولہواں (Pope Benedict XVI) وغیرہ۔

(۳) جے پور کے حکمراں جے سنگھ دوّم (Jai Singh II) وغیرہ۔

(۴) اکبر دوّم،شاہجہاں دوّم،شاہجہاں سوّم وغیرہ۔

یورپ میں جلوسی عدد کی روایت کی شروعات قرونِ وسطٰی میں ہوئی اور ہنری ہشتم (Henry VIII) کے دورِ حکومت میں اس کو بڑھاوا ملا۔

(2) چند فرماں رواؤں کے پاس سکّوں کی ڈھلائی (Coinage) میں رومن ''IV'' کی جگہ متروک رومن عدد ''IIII'' کا استعمال ملتا ہے۔مثلاً اسپین کے فرماں روا چارلس چہارم (Charles IV) اور فرانس کے فرماں روا لوئیس سولہواں (Louis XVI) ۔فرماں روا چارلس چہارم کے سکّہ کا عکس دائیں جانب کی شکل نمبر (۷) میں دیکھا جا سکتا ہے۔

(3) امریکہ میں ایک ہی نسلوں میں ایک جیسے ناموں میں فرق کے لیے رومن عددی ''نسلی لاحقے'' لگائے جاتے ہیں۔مثلاً ولیم ہووَرڈ ٹفٹ چہارم

شکل نمبر (۷): چارلس چہارم کے سکّہ میں IIII کا استعمال

۔(William Howard Taft IV)

(4) کسی عمارت کا سنگِ بنیاد یا عمارت کی تعمیر کا سال وغیرہ بھی رومن میں لکھنے کا رواج کم و بیش ہے۔

(5) کسی عمارت کا نمبر، عمارت میں منزل کا نمبر یا اپارٹمنٹ نمبر کو بھی رومن عدد میں لکھا جاتا ہے تا کہ عمارت، منزل یا کمرہ کی شناخت فوری ہو سکے۔

(6) ایسے ممالک جن پر رومی دورِ حکومت کا اثر تھا وہاں آج بھی راستوں کے جانب میل کے پتھر پر رومن اعداد کا استعمال ملتا ہے۔ دائیں بائیں دی گئی شکل نمبر (۸) اور شکل نمبر (۹) دیکھیے۔

(7) قدیم طرز کی گھڑیوں کے چہرے (ڈائل) پر گھنٹے کے نشانات بین الاقوامی ہندسوں میں یا رومن میں ہوتے تھے۔ جس میں رومن "IV" کے بجائے رومن عدد "IIII" کا قدیم استعمال ملتا

شکل نمبر (۹): میل کے پتھر پر رومن اعداد

شکل نمبر (۸): میل کے پتھر پر رومن اعداد

رہے۔ قیاس کیا جا سکتا ہے کہ ایسا ایک نظر میں "IV" اور "V" میں فرق کو ملحوظ رکھنے کے لیے خاص طور پر کیا جاتا ہوگا۔

بعض جدید طرز کی گھڑیوں کے ڈائل میں بھی گھنٹے وغیرہ کے نشانات رومن

میں ہوتے ہیں ۔مختلف گھڑیوں کے ڈائل کی شکلیں ذیل میں دی گئی ہیں ۔

شکل نمبر (۱۲)	شکل نمبر (۱۱)	شکل نمبر (۱۰)

(8)   کتابوں کا تعارف (Introduction)، دیباچے (Prefaces)، ضمیمے (Appendices) اور ملحقے (Annexes) یا آغازِ کتاب سے کتاب کا متن شروع ہونے تک صفحات کے نمبر عموماً چھوٹے حرف والے رومن نمبروں میں دیے جاتے ہیں ۔

(9) کتابوں کی جلدیں (Volumes)، باب نمبر یا کسی ڈرامہ کے مختلف ایکٹس (Acts) مثلاً Act iii Scene 2 وغیرہ ملے جلے ہندو-عربی اور رومن اعداد میں لکھے جاتے ہیں ۔

(10) فلمیں،TV سیریئل یا پروگرام کے شوز وغیرہ کی کڑیوں کے نمبر شمار، فلموں کے پروڈکشن اور کاپی رائٹ کی تاریخ وغیرہ کے لیے رومن اعداد کا استعمال کیا جاتا ہے ۔

(11)   شجرۂ جات میں تعلقات کے مراتب کو ظاہر کرنے کے لیے رومن اعداد کا استعمال کیا جاتا ہے ۔

(12) متواتر واقع ہونے والے ''گرینڈ ایونٹس'' (Grand Events)

جیسے XXI Olympic Wniter Games(i)،

MMXX Olympic Summer Games(ii)،

XXX Olympiad(ii) وغیرہ میں رومن اعداد کا استعمال کیا جاتا ہے۔ حال ہی میں ٹوکیو، جاپان میں منعقد ہونے والے سمّر اولمپک گیمس 2020ء کو سرکاری طور پر "Games of the XXXII Olympiad" کہا جاتا ہے۔

(13) دستخط کے نیچے تاریخ لکھتے وقت بھی ملے جلے ہندو-عربی اور رومن اعداد کا استعمال کیا جاتا ہے۔ جیسے 14.VI.1789 یا VI.14.1789۔

(14) بعض طبّی نسخئہ جات میں گولیوں (Tablets) کی تعداد کو چھوٹے حرفی رومن اعداد "i"،"ii" اور "iii" سے لکھا جاتا ہے۔ "i" کا مطلب 'ایک گولی'، "ii" کا مطلب 'دو گولیاں' وغیرہ ہوتا ہے۔

(15) رومی اثر والے علاقوں میں گاڑی کے نمبر پلیٹ پر بھی رومن اعداد کا استعمال ملتا ہے۔ ذیل کی شکل نمبر (۱۳) دیکھیے۔

شکل نمبر (۱۳): گاڑی کے نمبر پلیٹ پر رومن اعداد

5.2 مخصوص شعبۂ جات میں رومن اعداد کا استعمال:

مخصوص شعبۂ جات میں رومن اعداد کا استعمال بطورِ خاص کیا جاتا ہے تا کہ مخصوص نکات کی وضاحت اور شناخت آسانی سے ہو سکے۔ ذیل میں تعلیم کے مختلف شعبہ ئجات اور دیگر شعبہ ئحیات کا اجمالی ذکر کیا گیا ہے۔

(i) علمِ ریاضی (Mathematics):

ریاضی میں ترسیم (Graphs) کے ربعوں (Quadrants) کے نام جیسے ربع I، ربع II، ربع III اور ربع IV کو ظاہر کرنے کے لیے رومن اعداد استعمال کیے جاتے ہیں۔

(ii) علمِ فلکیات (Astronomy):

علمِ فلکیات کے میدان میں سیّاروں کے چاندوں کے نام سیّارہ کے نام کے ساتھ بڑے رومن حروف میں رکھے جاتے ہیں۔ مثلاً ٹائٹن (Titan) کو ''Saturn VI'' سے موسوم کیا گیا ہے۔ اسی طرح مشتری کے چاندوں کو 'مشتری-I'، 'مشتری-II' وغیرہ لکھا جاتا ہے۔

(iii) علمِ کیمیا (Chemistry):

علمِ کیمیا میں دوری جدول (Periodic Table) کے گروپوں (Groups) کو بڑے رومن اعداد سے بتایا جاتا ہے۔ مثلاً گروپ I، گروپ II وغیرہ۔ اسی طرح غیر نامیاتی کیمیا کے IUPAC نظامِ تسمیہ میں ان کا استعمال کیا جاتا ہے۔ اسی طرح قلموں (Crystals) کی کثیر شکلی (Polymorphic) حالتوں کے نام رکھنے کے لیے بھی ان کا استعمال کیا جاتا ہے۔ مثلاً برف کی حالتیں وغیرہ۔ اسی طرح عبوری دھاتوں (Transition Metals) میں برقی بار (Charges) کی منتقلی کو رومن اعداد میں بھی لکھتے ہیں۔ جیسے:

(1) CuCl=Copper(I)Chloride

(2) CuCl₂=Copper(II)Chloride

(iv)دواسازی(Pharmacy):

فارمیسی میں رومن اعداد کو چند سیاق و سباق (Context) میں استعمال کیا جاتا ہے۔ جیسے "S" کو 'ایک آدھا' "One Half" کے لیے اور "N" کو صفر ظاہر کرنے کے لیے۔

(v) علمِ زلزلیات (Seismology):

علمِ زلزلہ نگاری میں زلزلوں کی Mercalli شدت پیمانہ کے درجوں کو رومن اعداد میں لکھا جاتا ہے۔

(vi) جہاز رانی:

جہاز رانی میں جہاز یا کشتی کے اگلے حصہ (Stem) پر جلی رومن اعداد کا استعمال ملتا ہے۔ یہ اعداد پانی کی گہرائی کو بتاتے ہیں جو کہ جہاز کو پانی میں تیرانے کے لیے ضروری ہوتی ہے۔ کشتی یا جہاز پر یہ اعداد نیچے سے اوپر کی جانب 13 سے 22 تک ہوتے ہیں۔ اور گہرائی فٹ میں ناپی جاتی ہے۔ بائیں جانب شکل نمبر (۱۴) دیکھیے۔

شکل نمبر (۱۴): کشتی کے اگلے حصہ پر پانی کی گہرائی ناپنے کے لیے رومن اعداد

(vii) تعلیم (Education):

تعلیم و تربیت کے میدان میں اسکول کی جماعتوں کو جیسے "Grade II"، "Grade XI" یا "Vth Class"، "Xth Class" وغیرہ، نیز اسکول

،کالج،جماعتوں کی کارکردگی اور جماعت میں طلبہ کے نتائج جیسے''گریڈI''،''گریڈ II'' اور''گریڈIII'' وغیرہ میں رومن اعداد کا استعمال کیا جاتا ہے۔اس کے علاوہ ٹائم ٹیبل میں جماعت کے درجات کو رومن میں لکھا جاتا ہے۔

(viii) علمِ طبیعیات (Physics):

علمِ طبیعیات میں مختلف مقاصد کے لیے چھوٹے اور بڑے رومن اعداد کا استعمال کیا جاتا ہے۔جیسے:Phy-I,Phy-IIوغیرہ۔

(ix) کمپیوٹر(Computer):

کمپیوٹر کے میدان میں بھی رومن اعداد کا استعمال ملتا ہے۔مثال کے طور پر کمپیوٹر چپ(Chip) کے نام جیسے Pentium I،Pentium II،Pentium III اور PentiumIV۔انہیں PI،PII،PIIIاور PIV بھی کہا جاتا ہے۔

(x) فوٹوگرافی(Photography):

فوٹوگرافی میں اُجلے پن(Brightness) کی مختلف سطحوں میں تمیز کے لیے Zone System میں(صفر کے ساتھ)رومن اعداد کا استعمال کیا جاتا ہے۔

(xi) علم میوسیقی (Music):

علم میوسیقی میں رومن اعداد کو مختلف معنوں میں استعمال کیا جاتا ہے۔جیسے Movments(a)،میوزک تھیری میں Diatonic Functions کی نشان دہی اور(c) تار والے میوسیقی کے آلات میں متفرق تاروں کو رومن اعداد سے ظاہر کیا جاتا ہے،جس میں جتنا بڑا رومن عدد ہوگا وہ اتنے ہی نیچے کے تار کو ظاہر کرے گا۔

(xii) فوج (Military):

ملٹری یونٹ میں مختلف سطحوں کے عہدوں میں فرق کے لیے، آرمی کارپس کے مختلف گروپ اور کار ز کے لیے رومن اعداد کا استعمال کیا جاتا ہے۔

(xiii) اسپورٹس (Sports):

اسپورٹس میں بھی رومن اعداد کا استعمال کیا جاتا ہے جیسے ''انڈین XI''، ''1st XV'' وغیرہ۔ کشتی رانی کے کھیلوں میں بھی رومن اعداد کا استعمال ملتا ہے۔

(xiv) قانون اور کوڈ کی کتابوں میں :

قانون اور کوڈ کی کتابوں میں قانون اور اس کی مختلف دفعات کو بالترتیب بڑے اور چھوٹے رومن اعداد میں ''ہندو- عربی'' اعداد کے ساتھ لکھا جاتا ہے۔

5.3 رومن اعداد کے استعمال کے حدود :

(Limitations of Use of Roman Numbers)

گرچہ کہ رومن اعداد کی اپنی کچھ مخصوص شناخت ہے۔ لیکن آج کی دنیا میں ان کے استعمال کی بہت ساری کمیاں اور حدود ہیں۔ ذیل میں رومن اعداد کے استعمال کے چند حدود کو گنایا جا رہا ہے۔

(i) رومن اعداد کو لکھنے کے لیے عموماً طویل جگہیں، زیادہ وقت اور کافی محنت درکار ہوتی ہے اور ساتھ ہی حاظر دماغی کی ضرورت ہوتی ہے۔ مثلاً 334 کو رومن میں لکھنا ہو تو CCCXXXIV اور 778 کو DCCXLLVIII لکھنا ہوگا۔ جبکہ اس سے بڑے عدد 1000 کو M لکھتے ہیں۔

(ii) رومن عددی نظام میں ''صفر'' کے لیے کوئی علامت نہیں ہے۔ دوسرے معنوں میں اس نظام میں ''صفر'' کا استعمال نہیں کیا جا سکتا ہے۔ جس کی وجہ سے رومن اعداد کے استعمال کا دائرہ محدود ہو جاتا ہے۔

(iii) رومن اعداد کی سات بنیادی علامتوں کا استعمال کر کے بڑے سے بڑا جو عدد لکھا جا سکتا ہے وہ صرف 3999 ہے۔ اس کے بعد کے بڑے اعداد لکھنے کے لیے دیگر علامتوں کا سہارا لینا پڑتا ہے۔

(iv) مختلف زبانوں جیسے فرانسیسی، انگریزی وغیرہ میں سال کا رومن عددی اظہار مختلف طریقوں سے کیا جاتا تھا۔ اس کے لیے کوئی ایک معیار قائم نہیں تھا۔ مثال کے طور پر انگریزی میں 1613 کو "XVIXIII" اور فرانسیسی میں 1519 کو "XV^{C}XIX" لکھا جاتا تھا۔

(v) پندرہویں صدی سے اور بعد میں فرانسیسی تحریروں میں 99 کو "XIX$_{XX}$IIII" کو لکھا جاتا تھا جس کو ''چار-اسکور اور انیس'' پڑھا جاتا ہے۔ یہ بھی ایک شاذ طریقہ ہے۔ اب استعمال نہیں کیا جاتا۔

(vi) رومن عددی طریقہ میں ضرب اور تقسیم کا عمل کرنا بہت پیچیدہ عمل ہے۔

(vii) رومن عددی طریقہ میں غیر ناطق عدد کو لکھا نہیں جا سکتا۔ اس لیے علم ہندسہ میں غیر ناطق عدد (π) پر مبنی مسائل (Theorems) وغیرہ حل نہیں کیے جا سکتے۔

(viii) رومن عددی نظام میں کسروں (Fractions) کو تحسیب کرنے

کے لیے کوئی ٹھوس اور معیاری طریقہ نہیں ہے۔اس کے بجائے اس نظام میں انہیں صرف الفاظ میں لکھنے پر اکتفا کیا گیا۔مثال کے طور پر''دو-ساتواں'' کو *Duae Septimae* اور''تین- آٹھویں'' کو *Tres Octavae* کا نام دیا گیا۔ رومیوں کے یہاں ہر قابل ذکر کسر کا نام نہیں تھا۔ جیسے کسر''تینتیس - سترہواں'' (Thirty-Three Seventieths) کا نام نہیں ہے۔اس وجہ سے اعلیٰ ریاضی ، کاروبار اور تجارتی امور کو انجام دینا بے حد دشوار تھا۔

(ix) *uncia* کے مضاعف (Multiples) کے لیے رومن دَور اور قرونِ وسطیٰ میں علامتیں استعمال کی جاتی تھیں ۔ یہ مضاعف *semis* یا چھ *unciae* یا'ایک آدھا' کو اکثر الٹے S (Ƨ) سے ظاہر کیا جاتا تھا۔البتہ *uncia* علامتوں کا کوئی معیار نہیں تھا اور نہ ہی ہر کوئی انہیں استعمال کرتا تھا۔قرونِ وسطیٰ کے بہت بعد کے لکھاریوں نے کسری خط (Fraction Bar) کو بطور متبادل استعمال کیا۔

(x) رومیوں کے یہاں خالص ریاضی جیسے تجریدی علم ہندسہ (Abstract Geometry) کے مسائل وغیرہ حل کرنا دشوار تھا۔

◻◻◻

6ـ رومن عددی نظام اور سال (Year)

6.1 رومن عددی نظام میں ''سال'' کو لکھنے کے مختلف طریقے:

رومن عددی نظام میں سال کو لکھنے کے شاذ طریقوں کی مثالیں بھی ملتی ہیں۔ 1000 کے بعد سال کو ''دو'' رومن اعداد کی شکل میں لکھا جاتا تھا۔ مثال کے طور پر انگریزی میں 1613 کو "XVIXIII" لکھا جاتا تھا۔ کیونکہ عام بول چال میں اسے ''سولہ ۔ تیرہ'' "Sixteen-Thirteen" کہا جاتا تھا۔ اسی طرح فرانسیسی میں 1519 کو "XV^CXIX" لکھتے تھے کیونکہ اسے "Fifteen-Hundred and Nineteen" پڑھا جاتا تھا۔ ذیل میں 1950ء سے 2145ء تک 5 سال کے فرق سے رومن میں سال دیے گئے ہیں۔

6.2 (1950ء سے 2145ء تک 5 سال کے فرق سے رومن اعداد میں سال):

(1950ء سے 2045ء تک 5 سال کے فرق سے)

رومن میں سال	سال	سال کے لیے ٹیبل نمبر (Y1)		رومن میں سال	سال	سال کے لیے ٹیبل نمبر (Y2)
MCML	1950			MM	2000	

1955	MCMLV		2005	MMV
1960	MCMLX		2010	MMX
1965	MCMLXV		2015	MMXV
1970	MCMLXX		2020	MMXX
1975	MCMLXXV		2025	MMXXV
1980	MCMLXXX		2030	MMXXX
1985	MCMLXXXV		2035	MMXXXV
1990	MCMXC		2040	MMXL
1995	MCMXCV		2045	MMXLV

+++

(2045ء سے 2145ء تک 5 سال کے فرق سے)

سال کے لیے ٹیبل نمبر (Y3)		سال کے لیے ٹیبل نمبر (Y4)	
سال	رومن میں سال	سال	رومن میں سال
2050	MML	2100	MMC
2055	MMLV	2105	MMCV
2060	MMLX	2110	MMCX
2065	MMLXV	2115	MMCXV
2070	MMLXX	2120	MMCXX

2075	MMLXXV		2125	MMCXXV
2080	MMLXXX		2130	MMCXXX
2085	MMLXXXV		2135	MMCXXXV
2090	MMXC		2140	MMCXL
2095	MMXCV		2145	MMCXLV

7۔ رومن گنتی

ذیل میں ''ہندو۔ عربی گنتی'' اور ''رومن گنتی'' کے ٹیبل دیے جا رہے ہیں ۔ اس سے کسی ''بین الاقوامی عدد'' کو ''رومن عدد'' میں اور ''رومن عدد'' کو ''بین الاقوامی عدد'' میں تبدیل کرنے کی آسانی رہے گی ۔

7.1 (1 سے 1000 تک گنتی):

(1 سے 20 تک گنتی)

ٹیبل نمبر (1)		ٹیبل نمبر (2)	
رومن گنتی	گنتی	رومن گنتی	گنتی
I	1	XI	11
II	2	XII	12
III	3	XIII	13
IV	4	XIV	14
V	5	XV	15
VI	6	XVI	16

7	VII	17	XVII
8	VIII	18	XVIII
9	IX	19	XIX
10	X	20	XX

+++

(21 سے 40 تک گنتی)

رومن گنتی	گنتی	رومن گنتی	گنتی
ٹیبل نمبر(3)		ٹیبل نمبر(4)	
XXI	21	XXXI	31
XXII	22	XXXII	32
XXIII	23	XXXIII	33
XXIV	24	XXXIV	34
XXV	25	XXXV	35
XXVI	26	XXXVI	36
XXVII	27	XXXVII	37
XXVIII	28	XXXVIII	38
XXIX	29	XXXIX	39
XXX	30	XL	40

+++

(41 سے 60 تک گنتی)

ٹیبل نمبر(5)		ٹیبل نمبر(6)	
رومن گنتی	گنتی	رومن گنتی	گنتی
XLI	41	LI	51
XLII	42	LII	52
XLIII	43	LIII	53
XLIV	44	LIV	54
XLV	45	LV	55
XLVI	46	LVI	56
XLVII	47	LVII	57
XLVIII	48	LVIII	58
XLIX	49	LIX	59
L	50	LX	60

+++

(61 سے 80 تک گنتی)

ٹیبل نمبر(7)		ٹیبل نمبر(8)	
رومن گنتی	گنتی	رومن گنتی	گنتی

61	LXI	71	LXXI
62	LXII	72	LXXII
63	LXIII	73	LXXIII
64	LXIV	74	LXXIV
65	LXV	75	LXXV
66	LXVI	76	LXXVI
67	LXVII	77	LXXVII
68	LXVIII	78	LXXVIII
69	LXIX	79	LXXIX
70	LXX	80	LXXX

+++

(81 سے 100 تک گنتی)

ٹیبل نمبر(9)		ٹیبل نمبر(10)	
گنتی	رومن گنتی	گنتی	رومن گنتی
81	LXXXI	91	XCI
82	LXXXII	92	XCII
83	LXXXIII	93	XCIII
84	LXXXIV	94	XCIV

85	LXXXV	95	XCV
86	LXXXVI	96	XCVI
87	LXXXVII	97	XCVII
88	LXXXVIII	98	XCVIII
89	LXXXIX	99	XCIX
90	XC	100	C

+++

(101 سے 120 تک گنتی)

ٹیبل نمبر (11)		ٹیبل نمبر (12)	
گنتی	رومن گنتی	گنتی	رومن گنتی
101	CI	111	CXI
102	CII	112	CXII
103	CIII	113	CXIII
104	CIV	114	CXIV
105	CV	115	CXV
106	CVI	116	CXVI
107	CVII	117	CXVII
108	CVIII	118	CXVIII

109	CIX	119	CXIX
110	CX	120	CXX

+++

(121 سے 140 تک گنتی)

ٹیبل نمبر(13)		ٹیبل نمبر(14)	
گنتی	رومن گنتی	گنتی	رومن گنتی
121	CXXI	131	CXXXI
122	CXXII	132	CXXXII
123	CXXIII	133	CXXXIII
124	CXXIV	134	CXXXIV
125	CXXV	135	CXXXV
126	CXXVI	136	CXXXVI
127	CXXVII	137	CXXXVII
128	CXXVIII	138	CXXXVIII
129	CXXIX	139	CXXXIX
130	CXXX	140	CXL

+++

(141 سے 160 تک گنتی)

ٹیبل نمبر(15)		ٹیبل نمبر(16)	
گنتی	رومن گنتی	گنتی	رومن گنتی
141	CXLI	151	CLI
142	CXLII	152	CLII
143	CXLIII	153	CLIII
144	CXLIV	154	CLIV
145	CXLV	155	CLV
146	CXLVI	156	CLVI
147	CXLVII	157	CLVII
148	CXLVIII	158	CLVIII
149	CXLIX	159	CLIX
150	CL	160	CLX

+++

(161 سے 180 تک گنتی)

ٹیبل نمبر(17)		ٹیبل نمبر(18)	
گنتی	رومن گنتی	گنتی	رومن گنتی
161	CLXI	171	CLXXI
162	CLXII	172	CLXXII

163	CLXIII	173	CLXXIII
164	CLXIV	174	CLXXIV
165	CLXV	175	CLXXV
166	CLXVI	176	CLXXVI
167	CLXVII	177	CLXXVII
168	CLXVIII	178	CLXXVIII
169	CLXIX	179	CLXXIX
170	CLXX	180	CLXXX

+++

(181 سے 200 تک گنتی)

ٹیبل نمبر (19)		ٹیبل نمبر (20)	
گنتی	رومن گنتی	گنتی	رومن گنتی
181	CLXXXI	191	CXCI
182	CLXXXII	192	CXCII
183	CLXXXIII	193	CXCIII
184	CLXXXIV	194	CXCIV
185	CLXXXV	195	CXCV
186	CLXXXVI	196	CXCVI

187	CLXXXVII		197	CXCVII
188	CLXXXVIII		198	CXCVIII
189	CLXXXIX		199	CXCIX
190	CXC		200	CC

+++

(201 سے 220 تک گنتی)

ٹیبل نمبر (21)		ٹیبل نمبر (22)	
رومن گنتی	گنتی	رومن گنتی	گنتی
CCI	201	CCXI	211
CCII	202	CCXII	212
CCIII	203	CCXIII	213
CCIV	204	CCXIV	214
CCV	205	CCXV	215
CCVI	206	CCXVI	216
CCVII	207	CCXVII	217
CCVIII	208	CCXVIII	218
CCIX	209	CCXIX	219
CCX	210	CCXX	220

+++

(221 سے 240 تک گنتی)

ٹیبل نمبر (23)		ٹیبل نمبر (24)	
رومن گنتی	گنتی	رومن گنتی	گنتی
CCXXI	221	CCXXXI	231
CCXXII	222	CCXXXII	232
CCXXIII	223	CCXXXIII	233
CCXXIV	224	CCXXXIV	234
CCXXV	225	CCXXXV	235
CCXXVI	226	CCXXXVI	236
CCXXVII	227	CCXXXVII	237
CCXXVIII	228	CCXXXVIII	238
CCXXIX	229	CCXXXIX	239
CCXXX	230	CCXL	240

+++

(241 سے 260 تک گنتی)

ٹیبل نمبر (25)		ٹیبل نمبر (26)	
رومن گنتی	گنتی	رومن گنتی	گنتی

241	CCXLI	251	CCLI
242	CCXLII	252	CCLII
243	CCXLIII	253	CCLIII
244	CCXLIV	254	CCLIV
245	CCXLV	255	CCLV
246	CCXLVI	256	CCLVI
247	CCXLVII	257	CCLVII
248	CCXLVIII	258	CCLVIII
249	CCXLIX	259	CCLIX
250	CCL	260	CCLX

+++

(261 سے 280 تک گنتی)

ٹیبل نمبر (27)		ٹیبل نمبر (28)	
گنتی	رومن گنتی	گنتی	رومن گنتی
261	CCLXI	271	CCLXXI
262	CCLXII	272	CCLXXII
263	CCLXIII	273	CCLXXIII
264	CCLXIV	274	CCLXXIV

265	CCLXV	275	CCLXXV
266	CCLXVI	276	CCLXXVI
267	CCLXVII	277	CCLXXVII
268	CCLXVIII	278	CCLXXVIII
269	CCLXIX	279	CCLXXIX
270	CCLXX	280	CCLXXX

+++

(281 سے 300 تک گنتی)

ٹیبل نمبر (29)		ٹیبل نمبر (30)	
گنتی	رومن گنتی	گنتی	رومن گنتی
281	CCLXXXI	291	CCXCI
282	CCLXXXII	292	CCXCII
283	CCLXXXIII	293	CCXCIII
284	CCLXXXIV	294	CCXCIV
285	CCLXXXV	295	CCXCV
286	CCLXXXVI	296	CCXCVI
287	CCLXXXVII	297	CCXCVII
288	CCLXXXVIII	298	CCXCVIII

رومن گنتی	گنتی
CCLXXXIX	289
CCXC	290

رومن گنتی	گنتی
CCXCIX	299
CCC	300

+++

(301 سے 320 تک گنتی)

رومن گنتی	گنتی
ٹیبل نمبر(31)	
CCCI	301
CCCII	302
CCCIII	303
CCCIV	304
CCCV	305
CCCVI	306
CCCVII	307
CCCVIII	308
CCCIX	309
CCCX	310

رومن گنتی	گنتی
ٹیبل نمبر(32)	
CCCXI	311
CCCXII	312
CCCXIII	313
CCCXIV	314
CCCXV	315
CCCXVI	316
CCCXVII	317
CCCXVIII	318
CCCXIX	319
CCCXX	320

+++

(321 سے 340 تک گنتی)

ٹیبل نمبر(33)		ٹیبل نمبر(34)	
رومن گنتی	گنتی	رومن گنتی	گنتی
CCCXXI	321	CCCXXXI	331
CCCXXII	322	CCCXXXII	332
CCCXXIII	323	CCCXXXIII	333
CCCXXIV	324	CCCXXXIV	334
CCCXXV	325	CCCXXXV	335
CCCXXVI	326	CCCXXXVI	336
CCCXXVII	327	CCCXXXVII	337
CCCXXVIII	328	CCCXXXVIII	338
CCCXXIX	329	CCCXXXIX	339
CCCXXX	330	CCCXL	340

+++

(341 سے 360 تک گنتی)

ٹیبل نمبر(35)		ٹیبل نمبر(36)	
رومن گنتی	گنتی	رومن گنتی	گنتی
CCCXLI	341	CCCLI	351
CCCXLII	342	CCCLII	352

343	CCCXLIII	353	CCCLIII
344	CCCXLIV	354	CCCLIV
345	CCCXLV	355	CCCLV
346	CCCXLVI	356	CCCLVI
347	CCCXLVII	357	CCCLVII
348	CCCXLVIII	358	CCCLVIII
349	CCCXLIX	359	CCCLIX
350	CCCL	360	CCCLX

+++

(361 سے 380 تک گنتی)

ٹیبل نمبر(37)		ٹیبل نمبر(38)	
گنتی	رومن گنتی	گنتی	رومن گنتی
361	CCCLXI	371	CCCLXXI
362	CCCLXII	372	CCCLXXII
363	CCCLXIII	373	CCCLXXIII
364	CCCLXIV	374	CCCLXXIV
365	CCCLXV	375	CCCLXXV
366	CCCLXVI	376	CCCLXXVI

367	CCCLXVII	377	CCCLXXVII
368	CCCLXVIII	378	CCCLXXVIII
369	CCCLXIX	379	CCCLXXIX
370	CCCLXX	380	CCCLXXX

+++

(381 سے 400 تک گنتی)

ٹیبل نمبر (39)		ٹیبل نمبر (40)	
گنتی	رومن گنتی	گنتی	رومن گنتی
381	CCCLXXXI	391	CCCXCI
382	CCCLXXXII	392	CCCXCII
383	CCCLXXXIII	393	CCCXCIII
384	CCCLXXXIV	394	CCCXCIV
385	CCCLXXXV	395	CCCXCV
386	CCCLXXXVI	396	CCCXCVI
387	CCCLXXXVII	397	CCCXCVII
388	CCCLXXXVIII	398	CCCXCVIII
389	CCCLXXXIX	399	CCCXCIX
390	CCCXC	400	CD

+++

(401 سے 420 تک گنتی)

گنتی	رومن گنتی	گنتی	رومن گنتی
	ٹیبل نمبر (41)		ٹیبل نمبر (42)
401	CDI	411	CDXI
402	CDII	412	CDXII
403	CDIII	413	CDXIII
404	CDIV	414	CDXIV
405	CDV	415	CDXV
406	CDVI	416	CDXVI
407	CDVII	417	CDXVII
408	CDVIII	418	CDXVIII
409	CDIX	419	CDXIX
410	CDX	420	CDXX

+++

(421 سے 440 تک گنتی)

گنتی	رومن گنتی	گنتی	رومن گنتی
	ٹیبل نمبر (43)		ٹیبل نمبر (44)

421	CDXXI	431	CDXXXI
422	CDXXII	432	CDXXXII
423	CDXXIII	433	CDXXXIII
424	CDXXIV	434	CDXXXIV
425	CDXXV	435	CDXXXV
426	CDXXVI	436	CDXXXVI
427	CDXXVII	437	CDXXXVII
428	CDXXVIII	438	CDXXXVIII
429	CDXXIX	439	CDXXXIX
430	CDXXX	440	CDXL

+++

(441 سے 460 تک گنتی)

ٹیبل نمبر (45)		ٹیبل نمبر (46)	
گنتی	رومن گنتی	گنتی	رومن گنتی
441	CDXLI	451	CDLI
442	CDXLII	452	CDLII
443	CDXLIII	453	CDLIII
444	CDXLIV	454	CDLIV

445	CDXLV	455	CDLV
446	CDXLVI	456	CDLVI
447	CDXLVII	457	CDLVII
448	CDXLVIII	458	CDLVIII
449	CDXLIX	459	CDLIX
450	CDL	460	CDLX

+++

(461 سے 480 تک گنتی)

ٹیبل نمبر (47)		ٹیبل نمبر (48)	
گنتی	رومن گنتی	گنتی	رومن گنتی
461	CDLXI	471	CDLXXI
462	CDLXII	472	CDLXXII
463	CDLXIII	473	CDLXXIII
464	CDLXIV	474	CDLXXIV
465	CDLXV	475	CDLXXV
466	CDLXVI	476	CDLXXVI
467	CDLXVII	477	CDLXXVII
468	CDLXVIII	478	CDLXXVIII

469	CDLXIX	479	CDLXXIX
470	CDLXX	480	CDLXXX

+++

(481 سے 500 تک گنتی)

ٹیبل نمبر (49)		ٹیبل نمبر (50)	
گنتی	رومن گنتی	گنتی	رومن گنتی
481	CDLXXXI	491	CDXCI
482	CDLXXXII	492	CDXCII
483	CDLXXXIII	493	CDXCIII
484	CDLXXXIV	494	CDXCIV
485	CDLXXXV	495	CDXCV
486	CDLXXXVI	496	CDXCVI
487	CDLXXXVII	497	CDXCVII
488	CDLXXXVIII	498	CDXCVIII
489	CDLXXXIX	499	CDXCIX
490	CDXC	500	D

+++

(501 سے 520 تک گنتی)

ٹیبل نمبر (51)	ٹیبل نمبر (52)

گنتی	رومن گنتی	گنتی	رومن گنتی
501	DI	511	DXI
502	DII	512	DXII
503	DIII	513	DXIII
504	DIV	514	DXIV
505	DV	515	DXV
506	DVI	516	DXVI
507	DVII	517	DXVII
508	DVIII	518	DXVIII
509	DIX	519	DXIX
510	DX	520	DXX

+++

(521 سے 540 تک گنتی)

ٹیبل نمبر (53)		ٹیبل نمبر (54)	
گنتی	رومن گنتی	گنتی	رومن گنتی
521	DXXI	531	DXXXI
522	DXXII	532	DXXXII
523	DXXIII	533	DXXXIII
524	DXXIV	534	DXXXIV

گنتی	رومن گنتی	گنتی	رومن گنتی
525	DXXV	535	DXXXV
526	DXXVI	536	DXXXVI
527	DXXVII	537	DXXXVII
528	DXXVIII	538	DXXXVIII
529	DXXIX	539	DXXXIX
530	DXXX	540	DXL

+++

(541 سے 560 تک گنتی)

ٹیبل نمبر (55)		ٹیبل نمبر (56)	
گنتی	رومن گنتی	گنتی	رومن گنتی
541	DXLI	551	DLI
542	DXLII	552	DLII
543	DXLIII	553	DLIII
544	DXLIV	554	DLIV
545	DXLV	555	DLV
546	DXLVI	556	DLVI
547	DXLVII	557	DLVII
548	DXLVIII	558	DLVIII
549	DXLIX	559	DLIX

550	DL	560	DLX

+++

(561 سے 580 تک گنتی)

ٹیبل نمبر (57)		ٹیبل نمبر (58)	
گنتی	رومن گنتی	گنتی	رومن گنتی
561	DLXI	571	DLXXI
562	DLXII	572	DLXXII
563	DLXIII	573	DLXXIII
564	DLXIV	574	DLXXIV
565	DLXV	575	DLXXV
566	DLXVI	576	DLXXVI
567	DLXVII	577	DLXXVII
568	DLXVIII	578	DLXXVIII
569	DLXIX	579	DLXXIX
570	DLXX	580	DLXXX

+++

(581 سے 600 تک گنتی)

ٹیبل نمبر (59)		ٹیبل نمبر (60)	
گنتی	رومن گنتی	گنتی	رومن گنتی

581	DLXXXI	591	DXCI
582	DLXXXII	592	DXCII
583	DLXXXIII	593	DXCIII
584	DLXXXIV	594	DXCIV
585	DLXXXV	595	DXCV
586	DLXXXVI	596	DXCVI
587	DLXXXVII	597	DXCVII
588	DLXXXVIII	598	DXCVIII
589	DLXXXIX	599	DXCIX
590	DXC	600	DC

+++

(601 سے 620 تک گنتی)

ٹیبل نمبر (61)		ٹیبل نمبر (62)	
گنتی	رومن گنتی	گنتی	رومن گنتی
601	DCI	611	DCXI
602	DCII	612	DCXII
603	DCIII	613	DCXIII
604	DCIV	614	DCXIV
605	DCV	615	DCXV

گنتی	رومن گنتی	گنتی	رومن گنتی
606	DCVI	616	DCXVI
607	DCVII	617	DCXVII
608	DCVIII	618	DCXVIII
609	DCIX	619	DCXIX
610	DCX	620	DCXX

+++

(621 سے 640 تک گنتی)

ٹیبل نمبر (63)		ٹیبل نمبر (64)	
گنتی	رومن گنتی	گنتی	رومن گنتی
621	DCXXI	631	DCXXXI
622	DCXXII	632	DCXXXII
623	DCXXIII	633	DCXXXIII
624	DCXXIV	634	DCXXXIV
625	DCXXV	635	DCXXXV
626	DCXXVI	636	DCXXXVI
627	DCXXVII	637	DCXXXVII
628	DCXXVIII	638	DCXXXVIII
629	DCXXIX	639	DCXXXIX
630	DCXXX	640	DCXL

+++

(641 سے 660 تک گنتی)

ٹیبل نمبر (65)		ٹیبل نمبر (66)	
رومن گنتی	گنتی	رومن گنتی	گنتی
DCXLI	641	DCLI	651
DCXLII	642	DCLII	652
DCXLIII	643	DCLIII	653
DCXLIV	644	DCLIV	654
DCXLV	645	DCLV	655
DCXLVI	646	DCLVI	656
DCXLVII	647	DCLVII	657
DCXLVIII	648	DCLVIII	658
DCXLIX	649	DCLIX	659
DCL	650	DCLX	660

+++

(661 سے 680 تک گنتی)

ٹیبل نمبر (67)		ٹیبل نمبر (68)	
رومن گنتی	گنتی	رومن گنتی	گنتی
DCLXI	661	DCLXXI	671

662	DCLXII		672	DCLXXII
663	DCLXIII		673	DCLXXIII
664	DCLXIV		674	DCLXXIV
665	DCLXV		675	DCLXXV
666	DCLXVI		676	DCLXXVI
667	DCLXVII		677	DCLXXVII
668	DCLXVIII		678	DCLXXVIII
669	DCLXIX		679	DCLXXIX
670	DCLXX		680	DCLXXX

+++

(681 سے 700 تک گنتی)

ٹیبل نمبر (69)			ٹیبل نمبر (70)	
گنتی	رومن گنتی		گنتی	رومن گنتی
681	DCLXXXI		691	DCXCI
682	DCLXXXII		692	DCXCII
683	DCLXXXIII		693	DCXCIII
684	DCLXXXIV		694	DCXCIV
685	DCLXXXV		695	DCXCV
686	DCLXXXVI		696	DCXCVI

687	DCLXXXVII	697	DCXCVII
688	DCLXXXVIII	698	DCXCVIII
689	DCLXXXIX	699	DCXCIX
690	DCXC	700	DCC

+++

(701 سے 720 تک گنتی)

ٹیبل نمبر (71)		ٹیبل نمبر (72)	
گنتی	رومن گنتی	گنتی	رومن گنتی
701	DCCI	711	DCCXI
702	DCCII	712	DCCXII
703	DCCIII	713	DCCXIII
704	DCCIV	714	DCCXIV
705	DCCV	715	DCCXV
706	DCCVI	716	DCCXVI
707	DCCVII	717	DCCXVII
708	DCCVIII	718	DCCXVIII
709	DCCIX	719	DCCXIX
710	DCCX	720	DCCXX

+++

(721 سے 740 تک گنتی)

گنتی	رومن گنتی	گنتی	رومن گنتی
	ٹیبل نمبر (73)		ٹیبل نمبر (74)
721	DCCXXI	731	DCCXXXI
722	DCCXXII	732	DCCXXXII
723	DCCXXIII	733	DCCXXXIII
724	DCCXXIV	734	DCCXXXIV
725	DCCXXV	735	DCCXXXV
726	DCCXXVI	736	DCCXXXVI
727	DCCXXVII	737	DCCXXXVII
728	DCCXXVIII	738	DCCXXXVIII
729	DCCXXIX	739	DCCXXXIX
730	DCCXXX	740	DCCXL

+++

(741 سے 760 تک گنتی)

گنتی	رومن گنتی	گنتی	رومن گنتی
	ٹیبل نمبر (75)		ٹیبل نمبر (76)
741	DCCXLI	751	DCCLI
742	DCCXLII	752	DCCLII

743	DCCXLIII	753	DCCLIII
744	DCCXLIV	754	DCCLIV
745	DCCXLV	755	DCCLV
746	DCCXLVI	756	DCCLVI
747	DCCXLVII	757	DCCLVII
748	DCCXLVIII	758	DCCLVIII
749	DCCXLIX	759	DCCLIX
750	DCCL	760	DCCLX

+++

(761 سے 780 تک گنتی)

ٹیبل نمبر (77)		ٹیبل نمبر (78)	
گنتی	رومن گنتی	گنتی	رومن گنتی
761	DCCLXI	771	DCCLXXI
762	DCCLXII	772	DCCLXXII
763	DCCLXIII	773	DCCLXXIII
764	DCCLXIV	774	DCCLXXIV
765	DCCLXV	775	DCCLXXV
766	DCCLXVI	776	DCCLXXVI

767	DCCLXVII	777	DCCLXXVII
768	DCCLXVIII	778	DCCLXXVIII
769	DCCLXIX	779	DCCLXXIX
770	DCCLXX	780	DCCLXXX

+++

(781 سے 800 تک گنتی)

گنتی	رومن گنتی	گنتی	رومن گنتی
ٹیبل نمبر(79)		ٹیبل نمبر(80)	
781	DCCLXXXI	791	DCCXCI
782	DCCLXXXII	792	DCCXCII
783	DCCLXXXIII	793	DCCXCIII
784	DCCLXXXIV	794	DCCXCIV
785	DCCLXXXV	795	DCCXCV
786	DCCLXXXVI	796	DCCXCVI
787	DCCLXXXVII	797	DCCXCVII
788	DCCLXXXVIII	798	DCCXCVIII
789	DCCLXXXIX	799	DCCXCIX
790	DCCXC	800	DCCC

+++

(801 سے 820 تک گنتی)

<table>
<tr><td colspan="2">ٹیبل نمبر (81)</td><td colspan="2">ٹیبل نمبر (82)</td></tr>
<tr><td>گنتی</td><td>رومن گنتی</td><td>گنتی</td><td>رومن گنتی</td></tr>
<tr><td>801</td><td>DCCCI</td><td>811</td><td>DCCCXI</td></tr>
<tr><td>802</td><td>DCCCII</td><td>812</td><td>DCCCXII</td></tr>
<tr><td>803</td><td>DCCCIII</td><td>813</td><td>DCCCXIII</td></tr>
<tr><td>804</td><td>DCCCIV</td><td>814</td><td>DCCCXIV</td></tr>
<tr><td>805</td><td>DCCCV</td><td>815</td><td>DCCCXV</td></tr>
<tr><td>806</td><td>DCCCVI</td><td>816</td><td>DCCCXVI</td></tr>
<tr><td>807</td><td>DCCCVII</td><td>817</td><td>DCCCXVII</td></tr>
<tr><td>808</td><td>DCCCVIII</td><td>818</td><td>DCCCXVIII</td></tr>
<tr><td>809</td><td>DCCCIX</td><td>819</td><td>DCCCXIX</td></tr>
<tr><td>810</td><td>DCCCX</td><td>820</td><td>DCCCXX</td></tr>
</table>

+++

(821 سے 840 تک گنتی)

<table>
<tr><td colspan="2">ٹیبل نمبر (83)</td><td colspan="2">ٹیبل نمبر (84)</td></tr>
<tr><td>گنتی</td><td>رومن گنتی</td><td>گنتی</td><td>رومن گنتی</td></tr>
</table>

821	DCCCXXI	831	DCCCXXXI
822	DCCCXXII	832	DCCCXXXII
823	DCCCXXIII	833	DCCCXXXIII
824	DCCCXXIV	834	DCCCXXXIV
825	DCCCXXV	835	DCCCXXXV
826	DCCCXXVI	836	DCCCXXXVI
827	DCCCXXVII	837	DCCCXXXVII
828	DCCCXXVIII	838	DCCCXXXVIII
829	DCCCXXIX	839	DCCCXXXIX
830	DCCCXXX	840	DCCCXL

+++

(841 سے 860 تک گنتی)

ٹیبل نمبر (85)		ٹیبل نمبر (86)	
گنتی	رومن گنتی	گنتی	رومن گنتی
841	DCCCXLI	851	DCCCLI
842	DCCCXLII	852	DCCCLII
843	DCCCXLIII	853	DCCCLIII
844	DCCCXLIV	854	DCCCLIV

845	DCCCXLV	855	DCCCLV
846	DCCCXLVI	856	DCCCLVI
847	DCCCXLVII	857	DCCCLVII
848	DCCCXLVIII	858	DCCCLVIII
849	DCCCXLIX	859	DCCCLIX
850	DCCCL	860	DCCCLX

+++

(861 سے 880 تک گنتی)

ٹیبل نمبر (87)		ٹیبل نمبر (88)	
رومن گنتی	گنتی	رومن گنتی	گنتی
DCCCLXI	861	DCCCLXXI	871
DCCCLXII	862	DCCCLXXII	872
DCCCLXIII	863	DCCCLXXIII	873
DCCCLXIV	864	DCCCLXXIV	874
DCCCLXV	865	DCCCLXXV	875
DCCCLXVI	866	DCCCLXXVI	876
DCCCLXVII	867	DCCCLXXVII	877
DCCCLXVIII	868	DCCCLXXVIII	878

869	DCCCLXIX	879	DCCCLXXIX
870	DCCCLXX	880	DCCCLXXX

+++

(881 سے 900 تک گنتی)

گنتی	رومن گنتی	گنتی	رومن گنتی
ٹیبل نمبر(89)		ٹیبل نمبر(90)	
881	DCCCLXXXI	891	DCCCXCI
882	DCCCLXXXII	892	DCCCXCII
883	DCCCLXXXIII	893	DCCCXCIII
884	DCCCLXXXIV	894	DCCCXCIV
885	DCCCLXXXV	895	DCCCXCV
886	DCCCLXXXVI	896	DCCCXCVI
887	DCCCLXXXVII	897	DCCCXCVII
888	DCCCLXXXVIII	898	DCCCXCVIII
889	DCCCLXXXIX	899	DCCCXCIX
890	DCCCXC	900	CM

+++

(901 سے 920 تک گنتی)

گنتی	رومن گنتی	گنتی	رومن گنتی
ٹیبل نمبر(91)		ٹیبل نمبر(92)	
901	CMI	911	CMXI
902	CMII	912	CMXII
903	CMIII	913	CMXIII
904	CMIV	914	CMXIV
905	CMV	915	CMXV
906	CMVI	916	CMXVI
907	CMVII	917	CMXVII
908	CMVIII	918	CMXVIII
909	CMIX	919	CMXIX
910	CMX	920	CMXX

+++

(921 سے 940 تک گنتی)

گنتی	رومن گنتی	گنتی	رومن گنتی
ٹیبل نمبر(93)		ٹیبل نمبر(94)	
921	CMXXI	931	CMXXXI
922	CMXXII	932	CMXXXII

923	CMXXIII	933	CMXXXIII
924	CMXXIV	934	CMXXXIV
925	CMXXV	935	CMXXXV
926	CMXXVI	936	CMXXXVI
927	CMXXVII	937	CMXXXVII
928	CMXXVIII	938	CMXXXVIII
929	CMXXIX	939	CMXXXIX
930	CMXXX	940	CMXL

+++

(941 سے 960 تک گنتی)

ٹیبل نمبر (95)		ٹیبل نمبر (96)	
گنتی	رومن گنتی	گنتی	رومن گنتی
941	CMXLI	951	CMLI
942	CMXLII	952	CMLII
943	CMXLIII	953	CMLIII
944	CMXLIV	954	CMLIV
945	CMXLV	955	CMLV
946	CMXLVI	956	CMLVI

947	CMXLVII	957	CMLVII
948	CMXLVIII	958	CMLVIII
949	CMXLIX	959	CMLIX
950	CML	960	CMLX

+++

(961 سے 980 تک گنتی)

ٹیبل نمبر (97)		ٹیبل نمبر (98)	
گنتی	رومن گنتی	گنتی	رومن گنتی
961	CMLXI	971	CMLXXI
962	CMLXII	972	CMLXXII
963	CMLXIII	973	CMLXXIII
964	CMLXIV	974	CMLXXIV
965	CMLXV	975	CMLXXV
966	CMLXVI	976	CMLXXVI
967	CMLXVII	977	CMLXXVII
968	CMLXVIII	978	CMLXXVIII
969	CMLXIX	979	CMLXXIX
970	CMLXX	980	CMLXXX

+++

(981 سے 1000 تک گنتی)

ٹیبل نمبر(99)		ٹیبل نمبر(100)	
رومن گنتی	گنتی	رومن گنتی	گنتی
CMLXXXI	981	CMXCI	991
CMLXXXII	982	CMXCII	992
CMLXXXIII	983	CMXCIII	993
CMLXXXIV	984	CMXCIV	994
CMLXXXV	985	CMXCV	995
CMLXXXVI	986	CMXCVI	996
CMLXXXVII	987	CMXCVII	997
CMLXXXVIII	988	CMXCVIII	998
CMLXXXIX	989	CMXCIX	999
CMXC	990	M	1000

+++

7.2 (1000 سے 9000 تک 100 کے فرق سے گنتی):

(i): (1000 سے 3000 تک 100 کے فرق سے گنتی)

ٹیبل نمبر(101)	ٹیبل نمبر(102)

رومن گنتی	گنتی	رومن گنتی	گنتی
MMC	2100	MC	1100
MMCC	2200	MCC	1200
MMCCC	2300	MCCC	1300
MMCD	2400	MCD	1400
MMD	2500	MD	1500
MMDC	2600	MDC	1600
MMDCC	2700	MDCC	1700
MMDCCC	2800	MDCCC	1800
MMCM	2900	MXM	1900
MMM	3000	MM	2000

+++

(ii): (3000 سے 6000 تک 100 کے فرق سے گنتی)

رومن گنتی	گنتی	رومن گنتی	گنتی
ٹیبل نمبر (104)		ٹیبل نمبر (103)	
$M\overline{V}C$	4100	MMMC	3100
$M\overline{V}CC$	4200	MMMCC	3200
$M\overline{V}CCC$	4300	MMMCCC	3300
$M\overline{V}CD$	4400	MMMCD	3400

3500	MMMD	4500	M $\overline{V}$ D
3600	MMMDC	4600	M $\overline{V}$ DC
3700	MMMDCC	4700	M $\overline{V}$ DCC
3800	MMMDCCC	4800	M $\overline{V}$ DCCC
3900	MMMCM	4900	M $\overline{V}$ CM
4000	M $\overline{V}$	5000	$\overline{V}$

+++

(iii): (5000 سے 7000 تک 100 کے فرق سے گنتی)

ٹیبل نمبر (105)		ٹیبل نمبر (106)	
گنتی	رومن گنتی	گنتی	رومن گنتی
5100	$\overline{V}$ C	6100	$\overline{V}$ MC
5200	$\overline{V}$ CC	6200	$\overline{V}$ MCC
5300	$\overline{V}$ CCC	6300	$\overline{V}$ MCCC
5400	$\overline{V}$ CD	6400	$\overline{V}$ MCD
5500	$\overline{V}$ D	6500	$\overline{V}$ MD
5600	$\overline{V}$ DC	6600	$\overline{V}$ MDC
5700	$\overline{V}$ DCC	6700	$\overline{V}$ MDCC
5800	$\overline{V}$ DCCC	6800	$\overline{V}$ MDCCC
5900	$\overline{V}$ CM	6900	$\overline{V}$ MCM

6000	$\overline{V}$M	7000	$\overline{V}$MM

+++

(iv): (7000 سے 9000 تک 100 کے فرق سے گنتی)

ٹیبل نمبر (107)		ٹیبل نمبر (108)	
گنتی	رومن گنتی	گنتی	رومن گنتی
7100	$\overline{V}$MMC	8100	$\overline{V}$MMMC
7200	$\overline{V}$MMCC	8200	$\overline{V}$MMMCC
7300	$\overline{V}$MMCCC	8300	$\overline{V}$MMMCCC
7400	$\overline{V}$MMCD	8400	$\overline{V}$MMMCD
7500	$\overline{V}$MMD	8500	$\overline{V}$MMMD
7600	$\overline{V}$MMDC	8600	$\overline{V}$MMMDC
7700	$\overline{V}$MMDCC	8700	$\overline{V}$MMMDCC
7800	$\overline{V}$MMDCCC	8800	$\overline{V}$MMMDCCC
7900	$\overline{V}$MMCM	8900	$\overline{V}$MMMCM
8000	$\overline{V}$MMM	9000	M$\overline{X}$

+++

7.3 (9000 سے 21000 تک 200 کے فرق سے گنتی):

(i): (9000 سے 13000 تک 200 کے فرق سے گنتی)

ٹیبل نمبر (109)	ٹیبل نمبر (110)

گنتی	رومن گنتی	گنتی	رومن گنتی
9200	M $\overline{X}$ CC	11200	$\overline{X}$ MCC
9400	M $\overline{X}$ CD	11400	$\overline{X}$ MCD
9600	M $\overline{X}$ DC	11600	$\overline{X}$ MDC
9800	M $\overline{X}$ DCCC	11800	$\overline{X}$ MDCCC
10000	$\overline{X}$	12000	$\overline{X}$ MM
10200	$\overline{X}$ CC	12200	$\overline{X}$ MMCC
10400	$\overline{X}$ CD	12400	$\overline{X}$ MMCD
10600	$\overline{X}$ DC	12600	$\overline{X}$ MMDC
10800	$\overline{X}$ DCCC	12800	$\overline{X}$ MMDCCC
11000	$\overline{X}$ M	13000	$\overline{X}$ MMM

+++

(ii): (13000 سے 17000 تک 200 کے فرق سے گنتی)

ٹیبل نمبر (111)		ٹیبل نمبر (112)	
گنتی	رومن گنتی	گنتی	رومن گنتی
13200	$\overline{X}$ MMMCC	15200	$\overline{XV}$ CC
13400	$\overline{X}$ MMMCD	15400	$\overline{XV}$ CD
13600	$\overline{X}$ MMMDC	15600	$\overline{XV}$ DC

گنتی	رومن گنتی	گنتی	رومن گنتی
13800	$\overline{X}$MMMDCCC	15800	$\overline{XV}$DCCC
14000	$\overline{X}$M$\overline{V}$	16000	$\overline{XV}$M
14200	$\overline{X}$M$\overline{V}$CC	16200	$\overline{XV}$MCC
14400	$\overline{X}$M$\overline{V}$CD	16400	$\overline{XV}$MCD
14600	$\overline{X}$M$\overline{V}$DC	16600	$\overline{XV}$MDC
14800	$\overline{X}$M$\overline{V}$DCCC	16800	$\overline{XV}$MDCCC
15000	$\overline{XV}$	17000	$\overline{XV}$MM

+++

(iii): (17000 سے 21000 تک 200 کے فرق سے گنتی)

ٹیبل نمبر (113)		ٹیبل نمبر (114)	
گنتی	رومن گنتی	گنتی	رومن گنتی
17200	$\overline{XV}$MMCC	19200	$\overline{X}$M$\overline{X}$CC
17400	$\overline{XV}$MMCD	19400	$\overline{X}$M$\overline{X}$CD
17600	$\overline{XV}$MMDC	19600	$\overline{X}$M$\overline{X}$DC
17800	$\overline{XV}$MMDCCC	19800	$\overline{X}$M$\overline{X}$DCCC
18000	$\overline{XV}$MMM	20000	$\overline{XX}$
18200	$\overline{XV}$MMMCC	20200	$\overline{XX}$CC
18400	$\overline{XV}$MMMCD	20400	$\overline{XX}$CD

18600	$\overline{XV}$ MMMDC	20600	$\overline{XX}$ DC
18800	$\overline{XV}$ MMMDCCC	20800	$\overline{XX}$ DCCC
19000	$\overline{X}$ M $\overline{X}$	21000	$\overline{XX}$ M

+++

7.4) 25,000 سے 5,25,000 تک 25000 کے فرق سے گنتی):

(i): 25,000 سے 5,25,000 تک 25000 کے فرق سے گنتی)

ٹیبل نمبر (115)

رومن گنتی	گنتی
$\overline{XXV}$	25,000
$\overline{L}$	50,000
$\overline{LXXV}$	75,000
$\overline{C}$	1,00,000
$\overline{CXXV}$	1,25,000
$\overline{CL}$	1,50,000
$\overline{CLXXV}$	1,75,000
$\overline{CC}$	2,00,000
$\overline{CCXXV}$	2,25,000
$\overline{CCL}$	2,50,000

ٹیبل نمبر (116)

رومن گنتی	گنتی
$\overline{CCC}$	3,00,000
$\overline{CCCXXV}$	3,25,000
$\overline{CCCL}$	3,50,000
$\overline{CCCLXXV}$	3,75,000
$\overline{CD}$	4,00,000
$\overline{CDXXV}$	4,25,000
$\overline{CDL}$	4,50,000
$\overline{CDLXXV}$	4,75,000
$\overline{D}$	5,00,000
$\overline{DXXV}$	5,25,000

+++

7.5 (1 سے 20 تک چھوٹے حرف والی رومن گنتی):

(1 سے 20 تک چھوٹے حرف والی رومن گنتی)

ٹیبل نمبر(i)		ٹیبل نمبر(ii)	
رومن گنتی	گنتی	رومن گنتی	گنتی
i	1	xi	11
ii	2	xii	12
iii	3	xiii	13
iv	4	xiv	14
v	5	xv	15
vi	6	xvi	16
vii	7	xvii	17
viii	8	xviii	18
ix	9	xix	19
x	10	xx	20

(نوٹ: بڑے حروف اور چھوٹے حروف والی رومن گنتی میں کوئی فرق نہیں ہے۔)

□□□

﴾ تعارف ﴿

نام : سید اختر علی

قلمی نام:

(۱) (اردو نظم ونثر کے لیے): اختر صادق   **تخلص:** اختر

(۲) (سائنس وریاضی سے متعلق مضامین کے لیے): سید اختر علی

نام والدِ گرامی : سید صادق علی مرحوم [پر لی وبجناتھ، ضلع بیڑ]   نام والدہ ٔمحترمہ: عاقلہ بیگم (اودگیر)

(ملازم: پنجاب نیشنل بنک، ناندیڑ)   (امورِ خانہ داری)

تاریخ پیدائش : 25 ؍جون 1965ء [اسکولی ریکارڈ کے مطابق]،   مقامِ پیدائش: تعلقہ وضلع ناندیڑ

تعلیم : ایم ۔ایس ۔بی ۔ (فزکس، الیکٹرانکس)، ایم ۔اے ۔ (اردو)، نیٹ، ایم ۔ایڈ۔

ادبی سفر کا آغاز : 1982ء

مصروفیت : وظیفہ یاب صدر مدرس و پرنسپل

زیرِ نظر کتاب : رومن اعداد   موضوع: ریاضی   صفحات:145

مطبوعہ کتاب : سفر خیال کا! (مضامین)   (پہلا ایڈیشن، دسمبر 2019ء، صفحات:285)

آئندہ اشاعتیں: (a) ادبی مطبوعات:

(۱) محسوسات کے دائرے (نثری نظمیں)

(۲) معانقات (معانقاتی نظمیں)

(۳) باجرہ کا کھیت (افسانچے)

(b) سائنسی مطبوعات:

(۱) سائنسی آگہی (سائنسی مضامین)

(۲) بلب کی کہانی (بلب، ٹیوب لائٹ، LED وغیرہ)

(۳) کمپیوٹر کی تاریخ

(۴) سائنس کے مشہور اثرات (سائنس کے مشہور اثرات کا مختصر احوال)

(۵) حفاظتی مہریں (بارکوڈ، ہولوگرام، QR- کوڈ)

(۶) سائنسی سمجھ (سائنس کوئز: پرائمری اسکول کے طلبہ، اساتذہ اور سرپرست حضرات کے لیے)

(۷) سائنسی فہمی (سائنس کوئز: ہائی اسکول کے طلبہ، اساتذہ اور سرپرست حضرات کے لیے)

(۸) سائنسی ادراک (سائنس کوئز: کالج کے طلبہ، اساتذہ اور سرپرست حضرات کے لیے)

(c) ریاضیاتی مطبوعات: (۱) یہ اعداد (اعداد کی 200 سے زائد اقسام)

(۲) مفرد اعداد

(d) اعزازات:

(۱) مثالی معلّم اعزاز، منجانب فیض العلوم ہائی اسکول و جونیئر کالج، ناندیڑ۔

(۲) مثالی معلّم ایوارڈ، منجانب روزنامہ 'ورقِ تازہ'، ناندیڑ (2002ء)۔

(۳) اردو کے تیئں ایجوکیشنل، سوشل اور کلچرل خدمات کے لیے مثالی معلم اعزاز منجانب مہاراشٹرا اردو سنگھرش سمیتی، ناندیڑ (2011ء)۔

(۴) اردو زبان میں سائنسی خدمات کے اعتراف میں 'نشانِ سرسید' منجانب انجمن فروغِ سائنس (انفروس)، علی گڑھ شاخ (2019ء)۔

خط و کتابت کا پتہ:

Syed Akhtar Ali

(اختر صادق Akhtar Sadique),

H.No.101 / 7, Labour Colony,

Nanded-431602 (M.S.),(India).

E-mail: syed101aa@gmail.com

Cell Phone: 09673407199

سید اختر علی

کی تصنیف

ایجادات کوئز

بین الاقوامی ایڈیشن عنقریب منظرِ عام پر